中国红树林湿地
保护与恢复战略研究

王文卿　石建斌　陈鹭真　等著

中国环境出版集团·北京

图书在版编目（CIP）数据

中国红树林湿地保护与恢复战略研究/王文卿等著. —北京：中国环境出版集团，2021.9
ISBN 978-7-5111-4792-9

Ⅰ. ①中…　Ⅱ. ①王…　Ⅲ. ①红树林—沼泽化地—生态恢复—研究—中国　Ⅳ. ①S718.54

中国版本图书馆 CIP 数据核字（2021）第 139470 号

审图号：GS（2021）1053 号

出 版 人　武德凯
责任编辑　李兰兰
助理编辑　谭嫣辞
责任校对　任　丽
封面设计　宋　瑞

出版发行　中国环境出版集团
　　　　　（100062　北京市东城区广渠门内大街 16 号）
　　　　　网　　　址：http://www.cesp.com.cn
　　　　　电子邮箱：bjgl@cesp.com.cn
　　　　　联系电话：010-67112765（编辑管理部）
　　　　　　　　　　010-67112735（第一分社）
　　　　　发行热线：010-67125803，010-67113405（传真）
印　　刷　北京中科印刷有限公司
经　　销　各地新华书店
版　　次　2021 年 9 月第 1 版
印　　次　2021 年 9 月第 1 次印刷
开　　本　787×1092　1/16
印　　张　14.75
字　　数　280 千字
定　　价　108.00 元

中国红树林湿地保护与恢复战略研究项目

项目指导委员会

鲍达明　国家林业和草原局湿地管理司　副司长

牛红卫　保尔森基金会自然和环境保护项目　总监

雷光春　北京林业大学生态与自然保护学院　教授

　　　　红树林基金会（MCF）　理事长

范航清　广西红树林研究中心　研究员

　　　　中国生态学学会红树林生态专业委员会　主任委员

李成业　香港中文大学　教授

　　　　世界自然保护联盟（IUCN）红树林专家组　主席

谭凤仪　深圳大学　访问教授

项目研究专家组

组长：

王文卿　厦门大学环境与生态学院　教授

　　　　中国生态学学会红树林生态专业委员会　秘书长

参研人员：

范航清　广西红树林研究中心　研究员

　　　　中国生态学学会红树林生态专业委员会　主任委员

廖宝文　中国林业科学研究院热带林业研究所　首席专家、研究员

陈鹭真　厦门大学环境与生态学院　教授

辛　琨　中国林业科学研究院热带林业研究所　教授

钟才荣　海南省林业科学研究院（海南省红树林研究院）　高级工程师

周志琴　海口畓榃湿地研究所　理事长

彭逸生　中山大学环境科学与工程学院　副教授

周海超　深圳大学生命与海洋科学学院　副研究员

陈秋夏　浙江省亚热带作物研究所　研究员

李瑞利　北京大学深圳研究生院　副研究员

中国红树林湿地保护与恢复战略研究项目

项目技术支持委员会

林光辉　清华大学地球系统科学研究中心　教授

文贤继　世界自然基金会香港分会　项目总监

王友绍　热带海洋环境国家重点实验室　研究员
　　　　中国科学院大亚湾海洋生物综合开放实验站　站长

佘忠明　华盛丰生态（深圳）有限公司　高级工程师

许方宏　广东湛江红树林国家级自然保护区管理局　局长

苏　博　广西北仑河口国家级自然保护区管理处　原主任

邹发生　广东省生物资源应用研究所　研究员、副所长

朱春全　世界自然保护联盟（IUCN）　原驻华首席代表

张　诚　世界自然保护联盟（IUCN）中国华南项目　主任

项目秘书处

石建斌　北京师范大学环境学院　副教授
　　　　保尔森基金会（PI）　顾问

干晓静　保尔森基金会（PI）　项目经理

李　燊　红树林基金会（MCF）　副秘书长

徐万苏　红树林基金会（MCF）　项目总监

巫金洪　红树林基金会（MCF）　项目官员

叶谋鑫　红树林基金会（MCF）　项目官员

著者名单

第一章　王文卿

第二章　王文卿

第三章　王文卿　范航清　廖宝文　周志琴　陈海蓉

第四章　王文卿　廖宝文　孙莉莉

第五章　陈鹭真　周海超

第六章　范航清　王文卿

第七章　周志琴

第八章　陈鹭真

第九章　陈鹭真　辛　琨　彭逸生　康怡阳

第一作者简介

　　王文卿　厦门大学环境与生态学院教授、博士生导师，中国生态学学会红树林生态专业委员会秘书长，中国生态学学会理事、福建省生态学会副理事长。主要从事红树林湿地生态学的研究工作。研究方向：红树植物生理生态、红树林生物多样性、红树林湿地生态恢复、滨海湿地生态修复。发表红树林方面文章100余篇，出版专著5部。

机构简介

保尔森基金会

保尔森基金会由美国前财长亨利·保尔森于 2011 年创建，是一家无党派、"知行合一"的独立智库，致力于在快速演变的世界格局下培育有助于维护全球秩序的中美关系。中美关系是世界上最重要的双边关系，基于这一现实，保尔森基金会的工作主要聚焦于中美，在经济、金融市场与生态环境保护的交叉领域开展工作，推动平衡和可持续的经济增长。保尔森基金会总部设在芝加哥，并在华盛顿和北京分别设有办事处和代表处。

老牛基金会

内蒙古老牛慈善基金会（简称"老牛基金会"）是由蒙牛乳业集团创始人，前董事长、总裁牛根生先生携家人将其持有蒙牛乳业的全部股份及大部分红利捐出，于 2004 年年底成立的从事公益慈善活动的基金会。

截至 2020 年年底，老牛基金会累计与 184 家机构与组织合作，开展了 267 个公益慈善项目，遍及中国 31 个省（自治区、直辖市、特别行政区）及美国、加拿大、法国、意大利、丹麦、尼泊尔、非洲等地，公益支出总额 15.65 亿元。

红树林基金会（MCF）

红树林基金会（全称为深圳市红树林湿地保护基金会，Shenzhen Mangrove Wetlands Conservation Foundation，MCF）成立于 2012 年 7 月，是国内首家由民间发起的地方性环保公募基金会。红树林基金会由阿拉善 SEE 生态协会、热衷公益的企业家，以及深圳市相关部门倡导发起，由北京林业大学生态与自然保护学院雷光春教授担任理事长，王石、马蔚华担任联席会长。自成立以来，红树林基金会始终聚焦滨海湿地，以深圳为原点，致力于以红树林为代表的滨海湿地保护和公众环境教育。在政府部门、专家学者、企业、公益机构等合作伙伴的支持下，创建了社会化参与的自然保育模式。

序言一

红树林是地球上生物多样性最丰富、生态系统服务功能价值最高的生态系统之一。虽然中国的红树林面积不到全球红树林面积的 2‰，但在保障中国东南沿海地区的生态安全、减缓气候变化、支持社区社会经济发展等方面发挥着重要作用。由于人类活动和全球气候变化的双重影响，与全球大多数有红树林分布的国家一样，中国的红树林也经历过面积急剧下降、生态系统功能退化、保护不充分和修复手段不当等问题。

"中国红树林湿地保护与恢复战略研究"项目是保尔森基金会、老牛基金会和红树林基金会共同发起的合作项目，得到了国家林业和草原局湿地管理司的大力支持和指导。该项目全面分析了中国红树林湿地的保护现状和面临的威胁，深入剖析了在红树林保护修复理念、技术、标准和可持续利用等方面存在的问题。在此基础上，结合新时期全球和中国红树林保护与修复的新形势、新理念和新技术，该项目就未来中国红树林保护与修复工作在理念、目标、标准、监测、机制创新和可持续利用等方面提出了一系列富有创新性和前瞻性的政策建议。

自然资源部、国家林业和草原局于 2020 年 8 月发布了《红树林保护修复专项行动计划（2020—2025 年）》（以下简称《行动计划》），明确了中国红树林保护修复的基本原则、行动目标、重点行动和保障措施，为未来 5 年的红树林保护修复工作指明了方向。我们很高兴地看到，这一《行动计划》突出了保护理念的转变，强调要将红树林生态系统作为整体来看待，提倡采用自然恢复和适度人工修复相结合的方式实施生态系统的修复，还强调了科学技术支撑的重要作用等，充分反映了尊重科学、尊重自然、顺应自然的新理念，与"中国红树林湿地保护与恢复战略研究"项目的主要成果和政策建议高度契合。

"中国红树林湿地保护与恢复战略研究"项目是继 2015 年完成的"中国滨海湿地保护管理战略研究"项目之后，保尔森基金会所开展的另一个关注特定类型滨海湿地保护修复的宏观策略研究项目，也是对后者的延续和落地实施。"中国滨海湿地保护管理战略研究"项目的成果在过去几年对促进和加强中国滨海湿地的保护与修复发挥了积极的作用。我衷心希望"中国红树林湿地保护与恢复战略研究"项目提出的一系列政策建议和具体技术措施，也能为未来中国开展大规模的红树林生态系统保护与修复提供坚实的科技支撑。

作为当今世界上两个最大的经济体和温室气体排放国，我相信中美两国有责任和义务共同合作来应对全球气候变化，并携手保护地球的生态健康。促进中美两国在经济可持续发展和生态环境保护领域的交流与合作是保尔森基金会的使命。我们将一如既往地关注和支持中国滨海湿地的保护与修复，期待与合作伙伴一起继续努力，为中国红树林湿地生态系统的保护与修复贡献我们的绵薄之力。

在此，感谢所有合作机构、指导单位和专家们为项目所付出的辛勤努力。特别感谢项目指导委员会鲍达明副司长（国家林业和草原局湿地管理司）的指导和参与，感谢专家组组长王文卿教授（厦门大学）对项目研究的组织和实施。

保尔森基金会自然和环境保护项目总监

2020 年 10 月 30 日

序言二

　　红树林是热带、亚热带海岸带海陆交错区生产力最高的海洋生态系统之一，在净化海水、防风消浪、维持生物多样性、固碳储碳等方面发挥着极为重要的作用。近年来，中国在红树林保护与修复方面取得积极进展，成为世界少数红树林面积增长的国家之一。但是，中国在红树林保护与修复方面还存在区域整体保护协调不够、局部生境退化、生物多样性降低、外来生物入侵、保护和监管能力还比较薄弱等问题。

　　基于这一现状，2018 年 11 月，保尔森基金会、老牛基金会、红树林基金会（MCF）共同启动了"中国红树林湿地保护与恢复战略研究"项目。项目的研究成果呈现了中国红树林湿地保护和恢复的现状，整理分析了目前主要保护管理和修复措施所存在的问题，将专家们多年科研成果的累积和全球最新的相关科技进展转化为能够指导红树林湿地保护与修复实践的明确建议，对解决目前中国红树林湿地面临的威胁和问题，优化红树林湿地保护管理和恢复模式具有现实意义。

　　2020 年 8 月 28 日，自然资源部、国家林业和草原局发布了《红树林保护修复专项行动计划（2020—2025 年）》（以下简称《行动计划》），明确了中国未来 5 年红树林保护修复的基本原则、行动目标、重点行动和保障措施。《行动计划》确定了到 2025 年营造和修复红树林面积达 18 800 hm^2 的目标，并将对中国现有红树林实施严格的全面保护，科学开展红树林的生态修复，不但要扩大红树林面积，也要提高生物多样性，整体提升红树林生态系统质量和功能，全面增强红树林生态产品供给能力。

　　社会的广泛参与是保障《行动计划》目标实现的重要途径之一，红树林基金会将持续关注和参与中国的红树林保护和恢复工作，与各合作机构及专家共同投入到中国红树林湿地保护与恢复工作中，将项目提出的相关建议逐步转化为实践，为《行动计划》的落地实施、红树林的保护和科学修复提供有效的科学支撑和示范。

　　最后，我要借此机会感谢所有合作机构在"中国红树林湿地保护与恢复战略研究"项目组织、实施过程中的共同付出，感谢参加研究项目的全体专家的辛苦努力。

红树林基金会（MCF）　理事长

2020 年 11 月 30 日

前　言

红树林是生长在热带、亚热带海岸潮间带的木本植物群落，广泛分布于热带及亚热带海岸。虽然红树林面积不到全球热带森林总面积的 1%，红树林却是地球上生物多样性和生产力最高的海洋生态系统之一，也是生态服务功能最强的生态系统之一。红树林具有抵御风浪、保护海岸、净化海水、固碳储碳、调节气候、维持生物多样性、保护水产种质资源、生态旅游、科学研究等诸多重要生态功能，有"海岸卫士""造陆先锋"的美誉，具有重要的生态、社会和经济价值。但是，在过去几十年里，在人类活动和全球气候变化的双重影响下，全世界范围内的红树林湿地正面临着面积减少、生态功能退化、生物多样性下降等严重问题。

中国也不例外。由于围海造地、毁林养殖、城市化等因素，中国红树林面积从中华人民共和国成立初期的近 5 万 hm^2 急剧下降到 2000 年的 2.2 万 hm^2，丧失了约 56%的红树林。进入 21 世纪以来，中国政府高度重视，采取多种措施保护与修复红树林，使红树林面积增加到了近 3 万 hm^2，并建立了 38 处不同级别、不同类型的以红树林为主要保护对象的自然保护地，覆盖了超过 75%的现有天然红树林。然而，中国的红树林依然面临着诸如水产养殖和海堤建设等人为活动及全球气候变化的双重压力，存在着红树林自然保护地管理能力不高、公众参与红树林保护修复不足、红树林保护修复缺乏科学依据和评估、红树林生态系统退化等诸多问题，影响了中国红树林的保护与修复成效及其生态功能的充分发挥。

正是在这样的背景下，"中国红树林湿地保护与恢复战略研究"项目得以设立和实施。该项目旨在研究和评估中国红树林保护现状与面临的威胁，分析中国红树林在管理、保护、修复中存在的问题和不足，并借鉴国内外先进案例，结合中国目前正在开展的海岸带修复、"蓝色海湾""南红北柳"等生态修复工程的现状和需求，研究红树林湿地生态系统修复和可持续利用的新理念和新途径，提出具体、切实可行的中国红树林保护与修复建议，为中国实施大规模的红树林生态系统保护与修复行动提供科学支撑和决策参考，以进一步促进中国红树林生态系统的保护。

该项目由老牛基金会资助，保尔森基金会和红树林基金会组织红树林研究领域的专家学者参与。该项目自 2018 年 11 月启动以来，成立了指导委员会，对项目的开展进行指导，并就项目的重大事项进行协商决策。指导委员会主任由国家林业和草原局湿地管理司副司长鲍达明先生和保尔森基金会自然和环境保护项目总监牛卫红女士共同担任。该项目还成立了研究专家组，组长由厦门大学环境与生态学院王文卿教授担任，成员包括广西红树林研究中心范航清研究员、中国林业科学研究院热带林业研究所廖宝文研究员和辛琨教授、厦门大学环境与生态学院陈鹭真教授、中山大学环境科学与工程学院彭逸生副教授、深圳大学生命与海洋科学学院周海超副研究员等。此外，世界自然保护联盟（IUCN）、大自然保护协会（TNC）、全球环境研究所（GEI）以及国内多个红树林自然保护区和湿地公园等机构和单位的多位专家也为该项研究提供了支持并做出了贡献。尤其需要感谢的是 IUCN 中国办事处和位于曼谷的 IUCN 亚太区域办公室，他们为项目研究专家组赴泰国考察学习当地的红树林保护修复、社区参与和生态旅游等方面的经验做了大量的协调、安排和支持工作。

本书结合新时期全球和中国红树林保护与恢复的新形势和新特点，根据中国红树林特点和保护现状，分析了中国红树林局部严重退化的现实问题及导致退化的主要原因；从保护地管理人员、社区参与、科研监测等方面评估了中国红树林保护管理中存在的短板和不足及其对保护成效的潜在影响；从修复目标设定、修复地点选择、修复标准的选用和修复措施的采用、修复树种选择等方面分析了中国现行红树林生态修复工程存在的主要问题，尤其是对中国目前以滩涂造林、人工修复为主的红树林修复模式以及国内正式发布且在执行的红树林造林标准（地方标准和行业标准）存在的问题进行了详细分析。在此基础上，本书就未来中国红树林生态修复的目的设定、修复途径和措施选择、修复标准施用等问题进行了分析论证，提出应以恢复整个红树林生态系统结构完整性及生态服务功能为主要目的，而不是过多地追求红树林面积的增加，应以"退塘还林/湿"作为中国红树林生态修复的主战场，并开展相应的基础理论、技术、标准和实践案例的研究和集成。本书还就目前中国在红树林可持续利用（生态养殖、生态旅游和蓝碳）及有害生物入侵等方面的问题进行了专门的研究和分析，并在红树林的管理、修复和可持续利用方面提出了一系列切实可行的有针对性的政策建议。衷心希望上述研究成果和政策建议能够为中国红树林湿地的保护、修复和管理提供科学依据和决策参考。

中国政府高度重视红树林保护与恢复工作。2000 年以来，通过严格的保护和大规模的人工造林，中国红树林面积稳步提高。2017 年 4 月 19 日，习近平总书记考察广西北海金海湾红树林时指示，"一定要尊重科学、落实责任，把红树林保护好"。随后，全国政协、自然资源部、国家林业和草原局紧锣密鼓地组织调研并制定中国红树林保护和恢复方案。中国中央电视台在 2019 年 3 月 30—31 日连续两天的《焦点访谈》栏目中，集中播出了《如何拯救红树林》专题片，探讨中国红树林的保护管理现状、存在的问题及未来保护修复之路。所有这些都凸显了中国政府、媒体和公众对红树林湿地保护和恢复的重视程度，也预示着在可以预见的将来，中国红树林湿地保护和恢复将走上更快、更科学、更合理的道路。

本书集合了专家组各成员的研究成果。第 1 章、第 2 章由王文卿撰写；第 3 章中中国现行的红树林保护法律法规研究部分由李文洁、文楚君、张家玮、李梦琦收集材料，陈海蓉撰写，红树林保护地建设及社区参与部分由王文卿撰写，监测与评估部分由廖宝文和周志琴撰写，国际合作部分由王文卿和范航清撰写；第 4 章红树林苗圃部分由廖宝文撰写，其余部分由王文卿撰写，孙莉莉参与了退塘还林/湿部分的撰写；第 5 章无瓣海桑部分及管理建议主要由陈鹭真撰写，拉关木部分由周海超撰写；第 6 章由王文卿和范航清撰写；第 7 章周志琴撰写；第 8 章由陈鹭真撰写；第 9 章的国际案例由陈鹭真撰写马来西亚部分、辛琨撰写泰国班顿湾案例、彭逸生撰写泰国沙没颂堪府案例、康怡阳撰写印度尼西亚和越南案例。整本书的框架设计及统稿工作由石建斌完成，徐万苏参与统稿工作。野外调查工作得到了国家重点研发计划项目课题"海岸带关键脆弱区生态修复与服务功能提升技术集成与示范"（2016YFC0502904）的部分资助。

由于本书涉及的内容多，编写时间紧，再加上新冠病毒肺炎疫情的影响限制了更加广泛的野外调查，不足之处在所难免。恳请广大读者批评指正！

著 者

2020 年 6 月 8 日

内容摘要

2017 年 4 月 19 日，习近平总书记考察广西北海红树林时指示，"一定要尊重科学、落实责任，把红树林保护好"。本书基于全球红树林最新研究成果，全面梳理了中国红树林保护、修复、管理和利用的情况，并提出针对性的建议。

主要结论

结论 1：通过严格保护天然红树林和大规模人工造林，2000 年以来，中国成功遏制了红树林面积急剧下降的势头，红树林面积稳步增加。

20 世纪 50 年代初，中国有近 5 万 hm^2 的红树林。在经历了 60—70 年代的围海造田、80—90 年代的围塘养殖和 90 年代的城市化及港口码头建设之后，中国红树林面积急剧减少至 2000 年的 2.2 万 hm^2，仅为 20 世纪 50 年代初的 44%。

21 世纪以来，中国政府愈加重视红树林的保护和恢复。通过严格保护天然红树林和大规模人工种植红树林，成功遏制了红树林面积急剧下降的势头，红树林的面积由 2.2 万 hm^2 增加至 2019 年的约 3 万 hm^2，年均增加 1.8%，成为世界上少数红树林面积净增加的国家之一。

中国已经建立了 38 个以红树林为主要保护对象的自然保护地，超过 75% 的天然红树林被纳入保护地范围，远远超过 25% 的世界平均水平。红树林是中国保护力度最大的植被类型。

结论 2：中国红树林生态系统结构和功能总体稳定，但局部地区红树林退化明显。

受全球气候变化和人类活动的双重影响，中国红树林生态系统局部地区退化明显，主要表现有：红树植物成片死亡事件时有发生；局部地区红树林群落结构发生了根本性的变化，群落结构由以木榄等为主的成熟植物群落向以白骨壤、桐花树为主的先锋植物群落逆向演替；病虫害危害程度有加重的趋势；一些珍稀濒危红树植物种类野外生存现状不容乐观。

红树林生态系统退化的主要原因：①海水养殖污染问题长期存在；②来自美国

的互花米草和中国本土的鱼藤对红树林造成了严重威胁；③海堤建设使得中国近90%的红树林位于海堤外侧，阻隔了红树林生态系统与海堤内生态系统的联系。

结论 3：**中国红树林科学研究成果数量居世界前列，但研究成果转化成生产力和实践的能力不强。保护地专业人才短缺问题突出，管理水平亟待提高，亟须建立基于生态系统管理的科学管理与监测体系。**

虽然中国红树林面积仅占全球的 2‰，但中国红树林研究位居世界前列。全球发表红树林学术论文最多的 5 家单位中有 4 家在中国（中国科学院、香港城市大学、厦门大学、中山大学）。中国红树林保护、管理与利用经验，正是"一带一路"沿线红树林分布国家迫切需要的，而"一带一路"沿线如东南亚、中东和非洲的一些国家，是全球红树林的分布中心。

全国已经建立了一支总人数为 208 人的红树林保护地管理人员队伍，但保护地人员学历层次偏低、专业结构不合理等情况依然存在，尤其是生态、海洋及保护地管理类专业人员严重缺乏。在现有的 38 个保护地中，36.8%没有成立专门的管理机构，18.4%没有编制总体规划，18.4%没有科考报告，23.7%没有明确边界。

虽然历经多年努力，但目前尚未建立完备高效的红树林生态系统监测和评估体系，针对红树林保护管理和生态修复的决策，有时缺乏充分的科学依据。因缺乏有效的基于社区的红树林保护修复机制，中国现有的红树林保护、修复与管理成效更多是通过行政手段来实现的，虽然效果较为明显，但也存在行政成本投入大、短期见效快、协调能力差等问题，有些预期目标难以实现。

结论 4：**滩涂造林是目前中国红树林修复的主要方式，对中国红树林面积在过去 20 年的显著增加起到了重要作用，但有些关键问题仍须加快解决。**

滩涂造林是增加红树林面积的主要途径，也是目前红树林修复的主要方式。滩涂造林因操作相对简单、投资大、见效快、造林成功后社会影响大而得到地方政府的青睐。自 2000 年以来，中国红树林面积净增加了约 7 000 hm^2，大部分是通过滩涂造林实现的。部分红树林生态修复工程将植被修复作为主要甚至是唯一目标，较少关注红树林生态系统结构和功能的整体修复和提升。在修复地点选择、修复面积、修复措施、树种选择等方面，存在科学依据和科学评估不足的问题，个别地点存在过度修复的现象。

滩涂造林面临着诸多问题，主要有：①造林成效相对较低；②造林成本高；③造林树种单一；④技术难度大；⑤生态风险无法预测；⑥外来物种入侵；⑦人造纯林生态功能有限，防御自然灾害能力不足。

结论 5：中国现有红树林恢复造林标准、恢复成效评估体系及经费投放机制等更有利于红树林人工造林，应采取切实有效措施，增加红树林生态系统自然恢复的空间。

中国红树林滩涂造林面临的问题与红树林造林标准关系较大。中国已经建立了一套基于滩涂造林的红树林修复标准体系，正式发布的红树林造林标准和规范有 12 项（行业标准和规范 4 项，地方标准 8 项），这些标准和规范在促进红树林面积增加的同时，也存在一些问题和不足：①大多数标准以植被修复为主要目标，基于生态系统整体修复的内容相对较少；②缺乏退塘还林/湿的技术标准；③突出人工修复，对自然修复没有作出规定；④有些标准对项目规划设计及造林作业实施者的要求不是十分明确；⑤忽视环境因子调研，生物多样性本底调查和跟踪监测不足；⑥项目实施和验收时间短；⑦有些标准过度强调使用袋苗；⑧偏重单一物种造林，对混交林合理配置内容规定较少。

区别于陆地森林，红树植物的繁殖体可以随水流进行远距离传播，因而具有较强的自然恢复能力。与人工修复相比，自然恢复具有投入低、恢复后的群落结构更稳定等优势。但现有的红树林修复方案是以人工滩涂造林为基础编制的，红树林恢复造林标准、恢复成效评估体系、经费投放机制等应给红树林自然恢复留足空间，提高红树林自然恢复成效。

结论 6：退塘还林/湿应成为中国红树林修复的主要途径，但目前相关基础理论、技术、标准和案例均不足。

历史形成的围塘养殖（围填海）是中国红树林破坏的最主要原因。相当一部分鱼塘的前身是红树林地，具备恢复红树林的基本生态条件。因养殖规模太大且缺乏有效的养殖污染处理措施，许多海水养殖鱼塘陷入了"规模扩大—养殖污染加剧—环境恶化—病害频发—效益下降"的恶性循环，30% 的鱼塘虾池因养殖效益差而闲置。全国红树林自然保护区和湿地公园内的鱼塘总面积超过 1 万 hm^2。因此，迫切需要开展代偿性恢复，这也为退塘还林/湿提供了空间。与滩涂造林相比，退塘还林/湿在恢复红树林生态系统功能方面更具优势。退塘还林/湿应该成为中国红树林生态系统修复的主要途径。除征收养殖塘所需的巨额补偿金和养殖户转岗就业问题以外，我们还没有做好有关退塘还林/湿的基础理论、技术、标准和实践案例等方面的准备。

结论 7：中国红树林利用形式较为单一，一些能够发挥红树林生态系统重要服务功能和生态价值的可持续利用方式仍有待开发。

传统的围塘养殖是不可持续的。除实施退塘还林/湿以外，更需要创新养殖模式，实现生态保护和经济发展的"双赢"。同时通过规范养殖户行为，实现养殖污染的达标排放。应进一步凝练和推广广西红树林研究中心提出的"纳潮池塘养殖"和"地埋管道红树林原位生态养殖"技术模式。

作为全球最具生态旅游和科普教育价值的自然景观，中国红树林生态系统理应在生态旅游和科普教育方面发挥其应有的作用。但目前红树林生态旅游还处于初级阶段，大部分形式单一，仍以游客自助观光为主，深度体验、自然教育类旅游尚未普遍开展。

红树林能够捕获和储存大量永久埋藏在海洋沉积物里的碳，是地球上最密集的碳汇之一。海岸带蓝碳潜力的挖掘、维持和提升有助于使其成为未来最经济、最高效的固碳方式。但中国红树林蓝碳研究和发展还面临以下挑战：①支持当前排放和减排政策制定的科学数据存在较大的空白；②红树林退化的现状影响了碳汇功能的有效发挥；③红树林宜林地有限、滨海养殖塘面积大，亟须考虑兼具蓝碳功能和可持续生计的修复模式。

主要建议

建议 1：转变保护理念，加强对红树林保护地的管理。

（1）大力加强红树林保护地能力建设，通过引进先进理念和加强培训等方式，大幅度提高保护地管理人员科学素养；规范保护地建设，落实总体规划、科考和勘界；将监测能力建设作为红树林保护地建设的重点内容之一，建设国家级和省级红树林生态系统科研和监测野外台站。

（2）将生态系统管理的理念纳入红树林保护地管理，将林地、滩涂、潮沟、浅海水域及陆地一侧的其他相关生境，尤其是鱼塘，作为一个整体进行保护管理。

（3）在红树林保护、修复和管理中，探索建立基于社区的红树林保护、生态修复、管理模式和机制，大力推广社区共管。通过协议保护、生态补偿等模式，鼓励社区积极参与红树林生态系统的保护与修复，并使其从中受益。

建议 2：构建基于生态系统修复的红树林生态修复目标、模式和标准体系。

对现有的以滩涂造林为主要方式的红树林修复造林标准体系、生态修复效果评估体系、经费投放机制等逐步进行完善和改革，构建以自然恢复为主、人工修复为辅的红树林生态修复标准体系和修复成效评估体系。中国红树林生态修复应遵循的一般性技术原则包括：将植被恢复扩展到红树林湿地生态系统整体结构和功能恢复的范畴，把鸟类、底栖生物生境恢复纳入恢复目标，采取以自然恢复为主、人工修复为辅的策略，在红树林生态修复的同时，创造条件恢复经济动物种群，为周边居民提供替代生计。

（1）编制红树林生态系统修复技术标准，在修复目标、修复模式、时间安排、成效评估等方面进行规范，切实体现自然恢复为主、人工修复为辅的生态修复原则。

（2）加大科研攻关力度，突破部分红树植物种类育苗技术，并用于红树林生态修复工程。

（3）从区域角度，科学评估和确定优先修复地点及修复目标，避免过度修复。

（4）科学开展滩涂造林。除少量以海岸防护为目标的滩涂造林以外，应逐步减少滩涂造林。对于各类滩涂湿地，有关部门应组织红树林专家、海洋水文专家、海洋生物专家、水鸟专家、当地居民等，进行严格的科学评估，兼顾生态系统其他组分，合理确定适宜红树林生态修复的滩涂地块。禁止在海草床和重要水鸟栖息地实施填滩造林。

（5）退塘还林/湿应成为中国红树林生态修复的主要途径。应加快退塘还林/湿理论、技术研发和示范地建设，着力解决退塘还林/湿涉及的红树林生态系统功能快速恢复的理论难题，编写退塘还林/湿操作手册；鉴于海岸带人口密度高和人类干扰大的现实，退塘还林/湿在坚持自然恢复为主的同时，也要采取积极的主动干预措施，包括社区参与+水文连通性恢复+人工种植苗木，但不宜采取填平鱼塘后重建造林的模式。

（6）慎重使用外来红树植物种造林，禁止在保护地内使用外来种，在保护地外使用外来种要经过严谨的科学论证。

（7）总结红树林生态系统修复及研究经验，为"一带一路"沿线国家的红树林修复工作提供借鉴，发挥中国在世界红树林研究、保护和管理中的引领作用。

建议 3：调整红树林湿地管理方式，区别对待严格保护区域和可利用区域，引导对红树林湿地资源的多元化、可持续的利用。

（1）推动生态旅游和生态养殖成为中国红树林湿地可持续利用的主要方式。

（2）通过建设更专业的生态旅游经营队伍和更高素质的解说团队、充实生态旅游的内涵与形式、开发市场、提升科普质量、调动社区参与、发动并联合社会力量，促进红树林生态旅游的发展，如红树林生态旅游应在海南国际旅游岛建设中发挥实质性的作用。

（3）创新鱼塘养殖模式，规范养殖户的行为，开展生态养殖，大幅度减少养殖塘排污。生态养殖应该成为未来红树林湿地资源可持续利用研究方面的重点。

（4）系统开展红树林蓝碳碳汇形成机理和时空分布格局研究，建立红树林蓝碳碳汇计量标准和评估体系；正确认识中国红树林蓝碳发展潜力，加强红树林保护和生态系统固碳功能提升技术的研发和试点；开发和示范红树林蓝碳碳汇交易项目。

（5）加强中国红树林湿地生态系统服务价值综合评估研究，编制简便实用的标准，建立生态赔偿技术体系，服务于管理与执法；开展中国国家尺度上的红树林（或滨海湿地）海岸带防护功能的价值评估，为制定中国海岸带管理、国家和地方减灾防灾和适应气候变化方案提供科学支撑。

（6）区别对待天然红树林和非保护地人工修复的红树林湿地资源。严格保护天然红树林和保护地内的红树林湿地资源，有条件地适度放宽对保护地外的人工红树林湿地资源的利用限制，引导社区对保护地外的人工红树林湿地资源的有序和可持续利用。

常用术语

红树林：指生长在热带、亚热带地区，受周期性潮水浸淹，由以红树植物为主体的常绿灌木或乔木组成的潮滩湿地木本植物群落。

红树植物：包括真红树植物和半红树植物。

真红树植物：专一性地生长在海岸潮间带的木本植物及 2 种草本植物（卤蕨和尖叶卤蕨）。

半红树植物：能生长于潮间带，但不成为优势种，也能在陆地非盐渍土生长的两栖木本植物。

红树林湿地：有一定面积红树林存在的滨海湿地，其基本地貌单元包括红树林、林外光滩、潮沟及低潮时水深不超过 6 m 的水域。

红树林生态系统：指由生产者（包括真红树植物、半红树植物、红树林伴生植物、底栖藻类及水体浮游动植物）、消费者（鱼类、底栖动物、浮游动物、鸟类、昆虫和兽类等）、分解者（微生物）和无机环境组成的有机集成系统。

红树林植被恢复：将红树林繁殖体/幼苗引入可维持其生长的林地或光滩，或者通过改善原有红树林湿地生境条件，使红树林可以形成稳定的植物群落和生态系统并提供与原生红树林相近的生态功能。

目　录

第 1 章

全球红树林基本情况

1.1 全球红树林面积和分布

全世界的红树林大致分布于南北回归线之间的热带和亚热带海岸。在北半球，红树林最北可分布到日本的鹿儿岛（31°22′N），在大西洋区域可分布到百慕大群岛（32°20′N）。在南半球，红树林最南可以分布到新西兰（38°59′S）和南非东海岸（32°59′S）（图 1-1）。

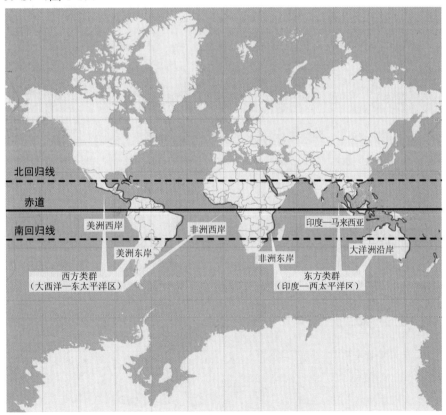

图 1-1　全球红树林分布（红色线条部分）

数据来源：Giri 等（2011）。

全球红树林主要分布在印度洋及西太平洋沿岸 118 个国家和地区的海岸。因统计方法及对红树林的定义标准不一，全球红树林总面积存在较多版本，在 800 万～1 800 万 hm^2。据 Giri 等（2011）统计，截至 2000 年，全球红树林面积为 1 377.6 万 hm^2，而 Hamilton 和 Casey（2016）统计的 2000 年全球红树林面积为 835 万 hm^2、2010 年为 819 万 hm^2。

历史上，热带地区 75% 的海岸被红树林占据。世界上红树林面积最大的国家是印度尼西亚，约有 310 万 hm^2，占全球红树林面积的 20% 左右；其次是澳大利亚、巴西、墨西哥、尼日利亚和马来西亚，分别拥有约 98 万 hm^2、96 万 hm^2、74 万 hm^2、65 万 hm^2 和 51 万 hm^2 红树林（表 1-1）。全世界面积最大的红树林区域位于孟加拉湾（100 万 hm^2）和非洲的尼罗河三角洲（70 万 hm^2）。

表 1-1　全球主要国家和中国的红树林面积

序号	国家	面积/hm^2	占全球总面积比重/%	所在地区
1	印度尼西亚	3 112 989	22.6	亚洲
2	澳大利亚	977 975	7.1	大洋洲
3	巴西	962 683	7.0	南美洲
4	墨西哥	741 947	5.4	北美洲、中美洲
5	尼日利亚	653 669	4.7	非洲
6	马来西亚	505 386	3.7	亚洲
7	缅甸	494 584	3.6	亚洲
8	巴布亚新几内亚	480 121	3.5	大洋洲
9	孟加拉国	436 570	3.2	亚洲
10	古巴	421 538	3.1	中美洲、北美洲
11	印度	368 276	2.7	亚洲
12	几内亚比绍	338 652	2.5	非洲
13	莫桑比克	318 851	2.3	非洲
14	马达加斯加	279 078	2.0	非洲
15	菲律宾	263 137	1.9	亚洲
	……			
	中国	30 000	0.2	亚洲
合计		$1.377\ 6×10^7$	100.0	

注：根据 Giri 等（2011）整理。

全球红树林有两个分布中心：一个是以东亚和大洋洲为主的东方类群（Indo West Pacific，IWP）地区，另一个是以大西洋两岸为主的西方类群（Atlantic East Pacific，AEP）地区。全球红树植物的种类约为 69 种（另有杂交种 11 种，共 80 种）。其中，东方类群的红树植物种类丰富，多达 54 种（含杂交种 9 种，共 63 种），而西方类群红树植物种类数量较少，仅为 17 种（含杂交种 2 种，共 19 种）（Duke，2017）。印度—马来半岛是全球红树植物物种最丰富的地区。东南亚国家不仅红树林面积大，同时也是全球红树植物种类最丰富的地区，是全球红树林分布中心。从赤道向南或向北，纬度越高，红树植物种类越少，红树林高度越低。

1.2　全球红树林破坏情况

近年来，世界红树林面积大幅减少，围海造地和围塘养殖是最主要原因。同时，城市化、污染、极端气候等也造成了大面积红树林的衰退甚至死亡。近 50 年来，全世界超过 1/3 的红树林消失了，消失速度与热带雨林相当（Duke et al.，2007）。1969 年后的短短 10 年，印度尼西亚 70 万 hm^2 的红树林变成了稻田和虾池，到 2000 年又有 50 万 hm^2 红树林被农田取代，与 1980 年相比，2015 年红树林面积减少了 580 万 hm^2；菲律宾红树林面积由 1968 年的 44.8 万 hm^2 锐减到 1988 年的 13.9 万 hm^2；1979—1986 年，泰国红树林面积损失了 38.8%，仅 1979 年一年就损失了 3.7 万 hm^2；新加坡 95% 的红树林已经消失；斐济约有 3/4 的红树林变为农业用地；1920 年前，加勒比海地区的红树林覆盖率达 50%，如今仅剩 15%；波多黎各 3/4 的红树林不复存在。1980 年以来，我国被占用红树林面积达 12 923.7 hm^2，其中挖塘养殖 12 604.5 hm^2，占 97.5%。

随着社会各界对红树林生态系统功能认识的逐步深入（Costanza et al.，2014）（图 1-2），尤其是 2004 年印度洋海啸之后，全世界范围内掀起一股保护与修复红树林的热潮，全世界红树林面积急剧下降的势头得到初步遏制，全球红树林面积下降速度由每年 1%～2% 下降为 0.16%～0.39%（Hamilton & Casey，2016；Richards & Friess，2016；Lewis，2001）（图 1-3）。通过严格的保护和大规模的人工造林，一些国家如印度、泰国、中国的红树林面积开始稳步增加。

2007 年，全球 15 位著名红树林专家联合署名在 Science 杂志发表一篇题为 "A world without mangroves？" 的文章，对全球红树林的未来表示悲观（Duke et al.，2007）。13 年后，来自全球 8 个国家的 22 位红树林专家则对红树林的未来做出了乐观的估计（Friess et al.，2020）。

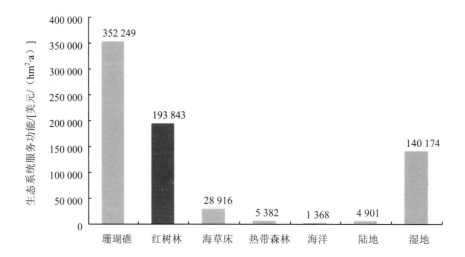

图 1-2 全球主要海洋生态系统及部分陆地生态系统服务功能价值比较（Costanza et al.，2014）

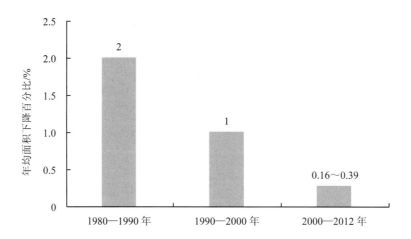

图 1-3 全球红树林面积变化情况

（Lewis，2001；Hamilton & Casey，2016；Richards & Friess，2016）

参考文献

Costanza R，De Groot R，Sutton P，et al.，2014. Changes in the global value of ecosystem services[J]. Global Environmental Change，26：152-158.

Duke N C，Meynecke J O，Dittmann S，et al.，2007. A world without mangroves？[J]. Science，317

（5834）：41-42.

Duke N C，2017. Mangrove floristics and biogeography revisited：further deductions from biodiversity hot spots，ancestral discontinuities，and common evolutionary processes[M]//Mangrove ecosystems：A global biogeographic perspective. Springer，Cham：17-53.

Friess D A，Yando E S，Abuchahla G M O，et al.，2020. Mangroves give cause for conservation optimism，for now[J]. Current Biology，30（4）：153-154.

Giri C，Ochieng E，Tieszen L L，et al.，2011. Status and distribution of mangrove forests of the world using earth observation satellite data[J]. Global Ecology and Biogeography，20（1）：154-159.

Hamilton S E，Casey D，2016. Creation of a high spatio-temporal resolution global database of continuous mangrove forest cover for the 21st century（CGMFC-21）[J]. Global Ecology and Biogeography，25（6）：729-738.

Lewis R R，2001. Mangrove restoration–costs and benefits of successful ecological restoration，Penang，Malaysia[C]. Proceedings of the Mangrove Valuation Workshop，Universiti Sains Malaysia，Penang，Beijer International Institute of Ecological Economics，Stockholm，Sweden.

Richards D R，Friess D A，2016. Rates and drivers of mangrove deforestation in Southeast Asia，2000-2012[J]. Proceedings of the National Academy of Sciences，113（2）：344-349.

第 2 章

中国红树林保护与退化情况

2.1 中国红树林现状

红树林是生长在热带、亚热带海岸潮间带的木本植物群落，是地球上生物多样性和生产力最高的海洋生态系统之一，也是生态系统服务功能最强的自然生态系统之一，具有重要的保护与修复意义。习近平总书记高度重视红树林保护工作，曾于2017 年 4 月 19 日实地考察广西北海金海湾红树林，在详细了解红树林作为"海洋卫士"和"海上森林"对海洋生态环境的调节作用后指示"一定要尊重科学、落实责任，把红树林保护好"。

2.1.1 分布

我国红树林分布于海南、广东、广西、福建、浙江及香港、澳门和台湾等 8 省（区）（图 2-1），天然红树林位于海南的榆林港（18°09′N）至福建福鼎的沙埕湾（27°20′N）之间，而人工引种红树林的北界是浙江乐清西门岛（28°25′N）。在中国分布最北的红树植物是秋茄。现有红树林具体分布如下：

（1）海南岛滩涂面积大，红树植物种类丰富、类型多样，是我国红树植物的分布中心。全省红树林面积 4 900 hm²，主要分布在东北部的东寨港、清澜港和南部的三亚港及西部的新英港等。东部沿海海岸曲折，海湾多且滩涂面积大，红树林分布广、种类多，结构复杂，其中东寨港和清澜港是海南面积最大的红树林分布区。

（2）广西的红树林主要分布在英罗湾、丹兜海、铁山港、钦州湾、北仑河口、珍珠湾、防城港等地，总面积 8 922 hm²。

（3）广东的红树林主要分布在湛江、阳江和江门等地，总面积 14 256 hm²。广东湛江红树林国家级自然保护区是我国面积最大的以红树林为主要保护对象的自然保护区，红树林面积约 7 230 hm²。

（4）香港的红树林主要分布在深圳湾米埔、大埔汀角、西贡和大屿山岛等地，总面积 380 hm²。

（5）福建的红树林主要分布在云霄漳江口、九龙江口和泉州湾，总面积

1 429 hm^2。

（6）台湾的红树林主要分布在台北淡水河口、新竹红毛港至仙脚石海岸，总面积 278 hm^2。

（7）浙江没有天然红树林分布，只有 20 世纪 50 年代人工引种的秋茄 1 种，面积 163 hm^2。

（8）澳门的红树林位于路环与氹仔之间横贯公路的西北角，总面积约 40 hm^2。

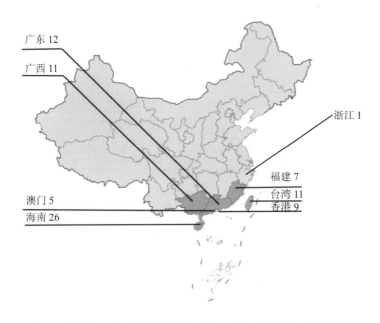

图 2-1　中国红树林的分布［图中数字为各省（区）本地真红树植物的种类数］

2.1.2　红树植物种类

联合国教科文组织（UNESCO）、联合国开发计划署（UNDP）、联合国环境规划署（UNEP）以及国际红树林生态系统学会（ISME）曾多次召开学术会议，并于 1991 年制订了《红树林宪章》，界定了 60 种真红树植物。2015 年 11 月，在厦门大学召开的世界自然保护联盟（IUCN）红树林特别小组会议专门讨论了红树植物的界定问题。由于新种的发现和一些种类的合并，真红树种类有所变动，根据 Duke（2017）的调查，全球有红树植物 83 种。

林鹏等根据多年的研究，于 1995 年提出了红树林区植物类型与鉴别标准（表 2-1）。该标准把专一性地生长于潮间带的木本植物称真红树植物（true mangrove 或 exclusive mangrove），它们只能在潮间带环境生长繁殖，不能在陆地环境生长繁殖，具有下列全部或大部分特征：胎萌、海水传播、呼吸根与支柱根、泌盐组织和高渗透压等；而把能生长于潮间带，有时成为优势种，但也能在陆地非盐渍土生长的两栖木本植物称为半红树植物（semi-mangrove 或 mangrove associates）。该标准已得到大部分学者的认同。

表 2-1　红树林区植物类型与鉴别标准（林鹏等，1995）

类　型	鉴别标准
真红树植物	专一性地生长于潮间带的木本植物
半红树植物	能生长于潮间带，有时成为优势种，但也能在陆地非盐渍土生长的两栖木本植物
红树林伴生植物	偶尔出现于红树林中或林缘，但不成为优势种的木本植物，以及出现于红树林下的附生植物、藤本植物和草本植物等
其他海洋沼泽植物	虽有时也出现于红树林沼泽中，但通常被认为是属于海草或盐沼群落中的植物

2001 年以来，厦门大学王文卿组织队伍对国内所有红树林分布区进行了拉网式调查，结合历史调查数据，确定中国大陆有红树植物 37 种（其中真红树植物 26 种，半红树植物 11 种），并对各红树植物的分布、种群数量及生存状况进行了评估（表 2-2 和表 2-3）。根据 IUCN 的标准，26 种真红树植物中处于珍稀濒危状态的有 13 种，占 50.0%；11 种半红树植物中处于珍稀濒危状态的有 4 种，占 36.4%。以上数据远高于中国高等植物珍稀濒危种占 15%～20% 的平均水平，也高于世界真红树植物珍稀濒危种占 16% 的平均水平（Polidoro et al.，2010）。

表 2-2　中国真红树植物种类及分布

种类	浙江	福建	广东	广西	海南	香港	台湾	澳门	IUCN
秋茄（*Kandelia obovata*）	引种	√	√	√	√	√	√	√	LC
木榄（*Bruguiera gymnorhiza*）		√	√	√	√		√	灭绝	√	LC
海莲（*Bruguiera sexangula*）		引种	引种		√				NT
尖瓣海莲（*Bruguiera sexangula* var. *rhynchopetala*）		引种	引种		√				VU
红海榄（*Rhizophora stylosa*）		引种	√	√	√	灭绝	√		LC
正红树（*Rhizophora apiculata*）					√				VU
拉氏红树（*R. lamarkii*）					√				CR

种类	浙江	福建	广东	广西	海南	香港	台湾	澳门	IUCN
角果木（*Ceriops tagal*）			√	灭绝	√		灭绝		LC
水芫花（*Pemphis acidula*）					√		√		EN
海桑（*Sonneratia caseolaris*）				引种	√	自然扩散		自然扩散	LC
拟海桑（*Sonneratia × gulngai*）					√				EN
海南海桑（*Sonneratia × hainanensis*）					√				CR
卵叶海桑（*Sonneratia ovata*）					√				CR
杯萼海桑（*Sonneratia alba*）					√				LC
木果楝（*Xylocarpus granatum*）				引种	√				VU
榄李（*Lumnitzera racemosa*）		引种	√	√	√	√	√		LC
红榄李（*Lumnitzera littorea*）					√				CR
老鼠簕（*Acanthus ilicifolius*）		√	√	√	√	√	√	√	LC
小花老鼠簕（*Acanthus ebracteatus*）			√		√				EN
瓶花木（*Scyphiphora hydrophyllacea*）					√				EN
卤蕨（*Acrostichum aureum*）		灭绝	√	√	√	√	√	√	LC
尖叶卤蕨（*Acrostichum speciosum*）			√		√				EN
水椰（*Nypa fruticans*）									VU
白骨壤（*Avicennia marina*）			√	√	√	√	√	√	LC
桐花树（*Aegiceras corniculatum*）			√	√	√	√	√	√	LC
海漆（*Excoecaria agallocha*）		灭绝	√	√	√	√	√	√	LC
合计（本地物种）	0	7	12	11	26	9	11	7	

注：CR—极度濒危；EN—濒危；VU—易危；NT—接近受威胁；LC—略需关注。

表 2-3　中国半红树植物种类及分布

种类	浙江	福建	广东	广西	海南	香港	台湾	澳门	IUCN
水黄皮（*Pongamia pinnata*）		灭绝	√	√	√	√	√	√	LC
黄槿（*Hibiscus tiliaceus*）		√	√	√	√	√	√	√	LC
杨叶肖槿（*Thespesia populnea*）		引种	√	√	√	√	√	√	LC
银叶树（*Heritiera littoralis*）			√	√	√	√	√		VU
玉蕊（*Barringtonia racemosa*）		引种	√		√		√		VU

种类	浙江	福建	广东	广西	海南	香港	台湾	澳门	IUCN
海檬果（*Cerbera manghas*）		引种	√	√	√	√	√	√	LC
苦郎树（*Clerodendrum inerme*）		√	√	√	√	√	√	√	LC
钝叶臭黄荆（*Premna obtusifolia*）		引种	√	√	√	√	√		LC
海滨猫尾木（*Dolichandrone spathacea*）			灭绝		√				EN
阔苞菊（*Pluchea indica*）		√	√	√	√	√	√	√	LC
莲叶桐（*Hernandia nymphiifolia*）					√	√		√	EN
合计（本地物种）	0	4	10	8	11	8	10	5	

注：EN—濒危；VU—易危；LC—略需关注。

中国的红树林地处全球红树林分布区域的北缘，受低温的限制，与全球红树林分布中心东南亚国家相比，红树植物种类较少，且随着纬度的升高，红树植物种类逐渐减少。海南生长的红树植物最多，有 26 种真红树植物和 11 种半红树植物；广东次之，真红树植物和半红树植物分别为 12 种和 10 种；福建真红树植物和半红树植物分别为 7 种和 4 种；浙江只有引种的秋茄 1 种。

相对而言，中国的红树植物种类还是很丰富的。中国红树林总面积约为 3 万 hm²，占全球红树林总面积的 2‰，但红树植物种类却占全球的 1/3，且中国红树植物种类比整个美洲要多 2 倍。除浙江及福建泉州以北外，中国有红树林分布的地区红树植物种类也比较丰富，每个地区的真红树植物种类均在 4 种以上。

2.1.3 面积

20 世纪 50 年代初，中国尚有近 5 万 hm² 的红树林。经历了 60 年代初至 70 年代的围海造田运动、80 年代以来的围塘养殖和 90 年代以来的城市化、港口码头建设及工业区的开发，中国红树林面积急剧减少。2000 年，国家林业局组织的全国湿地调查采用遥感（RS）、地理信息系统（GIS）、全球定位系统（GPS）等多种手段，调查得出中国大陆红树林面积为 22 024.9 hm²，加上港澳台地区的 659 hm²，中国红树林总面积为 22 683.9 hm²，仅为 20 世纪 50 年代初的 45%（图 2-2）。

2000 年以来，中国政府高度重视红树林的保护和恢复，通过对现有红树林的严格保护和大规模的人工造林，中国成功遏制了红树林面积急剧下降的势头，红树林的面积逐步回升，由 2001 年的 2.20 万 hm² 增加至 2019 年的近 3 万 hm²（不包括港澳台地区），年均增加 1.8%。中国成为世界上少数红树林面积净增加的国家之一，而当前全球红树林总面积却以每年 0.16%～0.39% 的速度减少。但是，由于我国红树林存在分布范围广、斑块面积小、林带狭窄等特点，使得传统的遥感手段无法精确地测定红树林面积，不同的研究得出不同的结论，进而导致我国现有红树林的面积仍存在一些争议，数据为 24 500～34 000 hm^2。

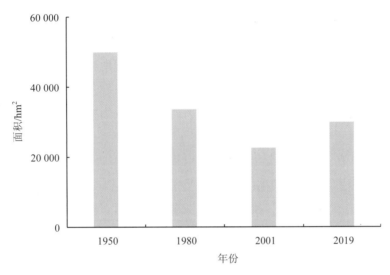

图 2-2　中国红树林面积变化

2.2　中国红树林的保护

2000 年以来，随着人们对红树林价值认识的逐步提高、环境保护意识的提高和法治的健全，对红树林直接的、大规模的破坏已经很少发生，大部分红树林被纳入了保护地范围。另外，随着沿海居民生产生活燃料问题的逐步解决，砍伐红树林作薪材的情况大大减少，围垦、毁林养殖也得到了制止，城市化和港口、码头的建设对红树林的破坏也采取了相应的补偿等措施。

加强红树林保护与管理的重要措施之一是建立自然保护区。自 1975 年香港米埔红树林湿地被指定为自然保护区、1980 年建立东寨港省级红树林自然保护区以来，中国对红树林的保护工作日趋完善。至今，中国大陆已经建立了 38 个以红树林生态系统为主要保护对象的自然保护区（不包括台湾淡水河口、关渡和香港米埔），其中国家级自然保护区 6 个（海南 1 个、广西 2 个、广东 2 个、福建 1 个）。保护区总面积约 6.5 万 hm^2，其中红树林面积约 2.0 万 hm^2，占中国现有天然红树林总面积的 74.8%，远超全世界 25% 的平均水平。可以说，红树林是我国保护力度最大的自然生态系统。此外，海南东寨港、广东湛江、香港米埔、广西山口、广西北仑河口和福建漳江口等红树林湿地被列入了《国际重要湿地名录》。这些保护区的建立，对中国红树林的保护起到了奠基性的作用。

除建立红树林自然保护区外，近年来兼顾红树林保护和湿地资源开发利用的不同类型的保护地也受到重视。例如，由原国家海洋局划定的海洋特别保护区和海洋公园，由原国家林业局划定的湿地公园等。其中，已获得批准与红树林相关的有：广西北海滨海国家湿地公园、广东海陵岛红树林国家湿地公园、广东雷州九龙山红树林国家湿地公园、浙江乐清西门岛海洋特别保护区、广东湛江特呈岛国家海洋公园等。此外，海南海口东寨港三江、文昌八门湾、三亚榆林港、三亚宁远河、儋州新盈湾等都在筹划建设红树林湿地公园。

2.3 中国红树林的退化

严格保护天然红树林的同时开展大规模的人工造林，使得中国红树林面积迅速增加。但是，面积的增加并不能掩盖红树林局部衰退的事实。受全球气候变化和人类活动的双重影响，我国各种类型的生态系统普遍存在退化问题。而红树林处于海洋和陆地的生态交错区，决定了其对环境变化的敏感性。虽然对红树林的直接破坏已经不多见，但除不可抗拒的自然因素（如台风等）外，一些不合理的开发利用方式，甚至不科学的保护措施，加剧了红树林的退化。红树林的退化不仅导致其生态系统服务功能下降，还大大降低了其对环境变化的抗干扰能力。

2.3.1 退化表现

2.3.1.1 红树植物规模性死亡

2008 年以来，海口东寨港红树林因污染导致团水虱暴发而大规模死亡（图 2-3）。这是因为团水虱能够在红树植物的树干基部钻洞，进而使其倒伏、死亡。2014 年 7 月，在"威马逊"超强台风（1949 年以来国内对红树林影响最大的台风）的影响下，受团水虱危害的红树林更是"弱不禁风"，由此造成了国内持续时间最长、面积最广、影响最大的一次红树林死亡事件。此外，2011 年年底，三亚青梅港红树林因施工便道阻碍了红树林与外海的水体交换而导致红树植物的突发性死亡，超过 40% 的红树林死亡（图 2-4）。而文昌清澜港、儋州新英湾等地也发生过规模不等的红树林死亡事件（图 2-5）。

图 2-3　东寨港红树林死亡（图片来源：王文卿）

图 2-4　2011 年三亚青梅港红树林死亡（图片来源：王文卿）

图 2-5　儋州新英湾（左）和文昌清澜港（右）红树林因污染而死亡（图片来源：王文卿）

2.3.1.2　红树林群落结构变化

红树林植物群落的典型特征之一是各树种按照耐淹水能力的差异从低潮带到高潮带依次分布。其中，白骨壤、桐花树和杯萼海桑等树种常分布于滩涂最前沿，且因耐淹水能力强而被称为先锋树种，它们通常比较低矮；红海榄和秋茄等居中，被称为演替中期树种；木榄、海莲、榄李等分布于高潮带，被称为演替后期树种，这一区域也是红树林最为繁茂的区域；而红树林与陆地森林的过渡带则被一些半红树植物（如银叶树、黄槿等）占据。正常情况下，从低潮带至高潮带再至红树林与陆地森林的过渡带，各树种依次出现，且有一定的面积比例。以东寨港为例（图 2-6），2000 年先锋树种、演替中期和后期的红树林面积百分比分别为 30.7%、42.4% 和 26.9%。但是，由于大规模的围垦，中高潮带最繁茂的红树林首先被破坏。20 世纪 80 年代海堤多建于高潮带，而目前为了获取更多的土地，大部分海堤建于中潮带甚至低潮带，从而导致适合演替中后期物种和林带生长的高潮带滩涂被占据和压缩，海堤外侧仅残留低矮的先锋树种。2000 年的调查也发现，以白骨壤和桐花树等先锋树种组成的演替前期群落占全国红树林总面积的 93.2%，而 68.8% 的红树林高度不超过 2 m（图 2-7）。目前，中国的红树林群落结构已经由以木榄等为主的成熟植物群落向以白骨壤、桐花树为主的先锋植物群落演替，且现存红树林的高度显著下降。

自 2004 年广西白骨壤虫害大规模暴发以后，我国红树林病虫害危害面积逐年增加、危害程度逐年加重、病虫害种类逐年增多，红树林虫害已经成为一种常见现象。海南的红树林也不能幸免，2008 年以来东寨港团水虱暴发，导致大面积红树林死亡，成为迄今为止中国最大规模的红树林死亡事件，这种死亡趋势至今还在持续。东寨港的白骨壤、桐花树也存在不同程度的虫害问题。2015 年，东方黑脸琵鹭省级自然保护区的白骨壤遭受了严重的虫害（图 2-8）。

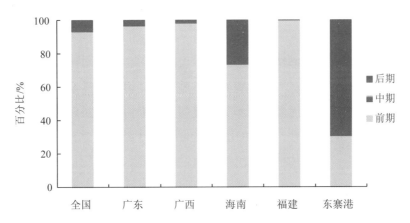

图 2-6　中国大陆及各省（区）不同演替阶段红树林面积百分比

数据来源：国家林业局森林资源管理司（2002）。

图 2-7　在人类反复干扰下，海南的红树林以低矮先锋树种白骨壤和桐花树为主体

（图片来源：王文卿）

图 2-8　东方黑脸琵鹭省级自然保护区白骨壤虫害（图片来源：王文卿）

2.3.1.3　生物多样性下降

红树林是全球生物多样性最高的海洋生态系统之一。除湿地鸟类外，海南尚未建立起完整而规范的红树林湿地生态系统监测体系。但已有数据表明，海南红树林正在经历生物多样性的快速衰退。例如，厦门大学米雪芳（2016）在海口东寨港红树林的调查结果表明，2004—2009 年，该区域鱼类种类减少了 50%，单网渔获鱼类个体数减少了 62%，单网渔获鱼类生物量减少了 63%。2013 年以来，海南东寨港国家级自然保护区内建成了一条国内最豪华的观景木栈道（图 2-9），但由于木栈道建于红树林湿地生态系统中底栖动物最为丰富的红树林林缘，因而对鸟类觅食产生了直接影响。另外，2011 年建成的文昌八门湾绿道（图 2-9），导致部分区域的树栖软体动物种群密度下降了 90% 以上。2011 年三亚青梅港的淹水事件不仅导致 40% 的红树林死亡，也对底栖动物造成了毁灭性的影响。

图 2-9　海口东寨港修建林缘木栈道（左）和文昌八门湾修建林中绿道（右）（图片来源：王文卿）

2.3.1.4　珍稀濒危种类多

红树林的显著特征之一是极低的植物多样性支撑极高的动物多样性。全世界 75% 的热带海洋曾经分布有红树林，但全世界真红树植物种类数仅为 83 种。这预示着红树林对植物种类多样性的丧失极为敏感，少数种类的消失将引起红树林结构和功能的极大变化（Polidoro et al.，2010；Alongi et al.，2008）。

2010 年，Polidoro 等对全世界红树植物的生存现状进行了评估，发现 17% 的种类处于珍稀濒危状态。2006 年以来，我们对海南岛天然分布的 26 种真红树植物和 11 种半红树植物的生存现状进行了调查，调查区域覆盖海南岛 95% 以上的红树林，并按照 IUCN 的地区标准对各物种的生存现状进行了评估。结果发现，有 17 种（46%）处于不同程度的珍稀濒危状态，其中真红树植物珍稀濒危比例为 50.0%，半红树植物为 36.4%，而真红树植物红榄李、海南海桑、卵叶海桑和 2016 年发现的拉氏红树为极度濒危种（CR）。这远远高于全世界红树植物 17% 的平均水平，更高于中国高等植物 15%～20% 的平均水平（图 2-10），进而说明海南岛红树植物种类遭受灭绝的威胁程度远远超过世界平均水平。

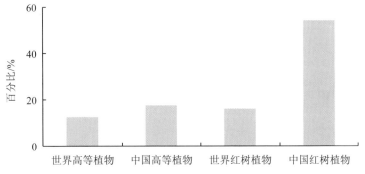

图 2-10 红树植物与高等植物珍稀濒危物种比例（王文卿等，2020）

20 世纪 80 年代，厦门大学林鹏教授曾在东方四必湾记录到红海榄，现已经找不到。2006 年，范航清等曾在陵水新村港记录到红榄李 340 株，而 2016 年 5 月调查结果显示其仅剩 2 株（图 2-11）。2017 年 8 月 28 日，新村港内最后 1 株红榄李死亡。2008 年 8 月，三亚最后 1 株小花老鼠簕被拔。2008 年以来，海南岛东海岸曾经广泛分布的半红树植物玉蕊几乎被盗挖殆尽。2012 年年初，三亚青梅港唯一 1 株拉氏红树因酒店别墅建设被毁。2015 年 3 月，铁炉港唯一、国内最大的瓶花木古树死亡。2015—2016 年，三亚海棠湾唯一 1 丛水椰被砍。儋州新盈国家湿地公园内仅有的 2 株银叶树古树也因长期泡水和火烧而长势极差。

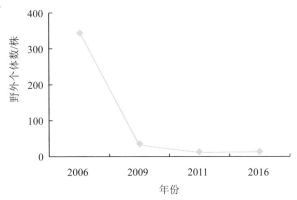

图 2-11 中国红榄李野外种群数量变化（数据来源：王文卿）

从珍稀濒危红树植物的生存状态来看，除红榄李、海南海桑、拟海桑和拉氏红树是由于自身的繁殖机制存在问题外，其他种类开花结果均正常，不存在繁殖障碍。仔细分析这些树种的分布格局发现，除海桑外，绝大部分种类均为演替中后期物种，其适生环境是高潮带滩涂。而海堤的建设和鱼塘的修建，将适合这些植物生长的高潮带滩涂人为压缩，进而导致生境的破坏、消失，这是中国珍稀濒危红树植物比例高的根本原因，而人为破坏更是加速了其地区性灭绝。

2.3.2　退化原因

导致红树林退化的因素是多方面的。我国红树林退化主要与以下因素有关。

2.3.2.1　海陆阻隔——海堤

红树林的防浪护堤功能十分显著并很早为人们所认识。"海堤+红树林"的海岸防护模式，被认为是生态、经济和环保的海岸防护模式（范航清，1995）。截至2009年，中国已在18 000 km的陆地海岸线上建设了约13 800 km的海堤，海堤已经成为我国最大的海岸工程。其中，海南岛78%的红树林是堤前红树林（图2-12）。

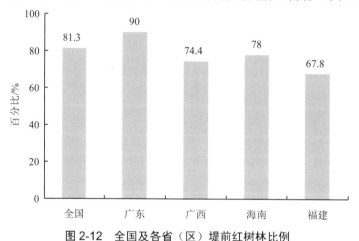

图2-12　全国及各省（区）堤前红树林比例

数据来源：国家林业局森林资源管理司（2002）。

但是，海堤的修建不仅侵占了大面积的红树林，更严重的是，海堤堵截了红树林滩涂的自然海岸地貌，限制了陆地生态系统和海洋生态系统的物质、能量和信息的交流，破坏了生物多样性，改变了水文条件（范航清和黎广钊，1997）。水文条件的稳定性对维持整个生态系统的生物多样性是非常重要的（Macintosh et al.，2002）。Botero和Salzwedel（1999）曾报道由于海堤建设改变了水文条件而导致哥伦比亚大面积的红树林死亡。海堤建设不仅直接破坏了中高潮带最繁茂的红树林，还将先锋红树群落经过长期作用形成的高潮带滩涂毁于一旦，从而使演替进展和恢复过程难以继续，导致海堤外侧残留的红树林稀疏化、沙化和矮化（范航清和黎广钊，1997）。因此，海堤建设是我国红树植物种类多样性丧失和群落结构逆向演替的最重要原因。此外，由于堤前红树林对海平面上升的影响最为敏感，海堤的存在将在很大程度上削弱我国红树林对海平面上升的抵抗力，中国红树林将成为全世界受海平面上升威胁最大的生态系统。海南岛的红树林由于潮差小、海平面上升速度快而将成为中国受海平面上升威胁最大的生态系统（图 2-13 和图 2-14）。

图 2-13　水动力改变后红树林倒伏（万宁石梅湾，左）和海岸侵蚀后残留的拟海桑大树

（文昌清澜港，右）（图片来源：王文卿）

图 2-14　2010 年三亚铁炉港挖鱼塘导致白骨壤古树倒伏

（左：2008 年 5 月，右：2010 年 9 月）（图片来源：王文卿）

2.3.2.2 养殖污染

研究表明，养殖污染是海口东寨港红树林退化的主要因素（图 2-15）。截至 2004 年，东寨港红树林周边虾塘面积达到 1 300 hm^2，这些虾塘每年向东寨港排放的氮和磷分别高达 952 t 和 448 t。演丰东河是注入东寨港的主要河流，20 世纪 90 年代以来，演丰东河流域共建立了 9 个大型养猪场，这些养猪场每年排放的氮和磷分别高达 3 860 t 和 1 460 t，成为东寨港主要的污染源。2004 年以来，传统的放养式海鸭养殖逐渐转变为集约化养殖，并在 2009 年、2010 年海鸭养殖面积达到顶峰。大规模的养殖导致东寨港水质急剧恶化。原海南省海洋与渔业厅发布的海南省海洋生态环境状况公报结果表明，2010 年、2011 年、2012 年东寨港水质为劣Ⅳ类，主要污染物为无机氮、无机磷和粪大肠杆菌。

围塘养殖被认为是对红树林最大的威胁，一是围塘养殖直接破坏了大面积的红树林，二是养殖污染。养殖污染包括养殖尾水、清塘淤泥、农药、抗生素、重金属等。传统观点认为，鱼塘换水是养殖污染的主要排放过程。但是，我们对福建云霄漳江口和广东廉江高桥的跟踪调查发现，鱼塘污染物的主要排放途径不是换水而是清塘。每一轮养殖结束，养殖户都会对鱼塘底部进行清淤。从鱼塘外抽水，用高压水枪把底泥冲散，再用水泵把泥水抽走（图 2-15）。99% 以上的总氮（TN）、总磷（TP）是通过清塘过程排放到环境中的（图 2-16）。清塘排污具有持续时间短和污染物浓度高的特点，这导致短时间大量污染物集中排放，对红树林造成很大影响，甚至经常导致红树林大面积死亡（图 2-17 和图 2-18）。此外，垃圾问题也是城镇周边红树林面临的问题（图 2-19）。

图 2-15　海南紧邻红树林的鱼塘虾池（图片来源：王文卿）

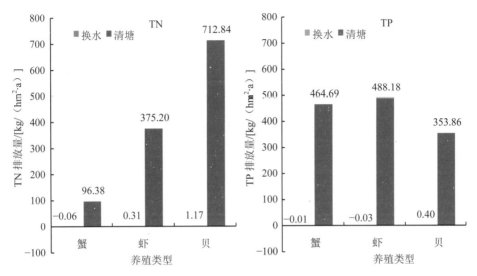

图 2-16　中国南方沿海鱼塘换水和清塘总氮（TN）和总磷（TP）排放情况（Wu et al.，2014）

图 2-17　儋州湾海鸭养殖污染（左）和陵水新村港鱼塘排污（右）（图片来源：王文卿）

图 2-18　海南文昌会文排水口红树林死亡（图片来源：谷峰）

图 2-19　垃圾对海南岛城镇周边红树林造成了严重影响（图片来源：王文卿）

2.3.2.3　生物入侵

　　生物入侵已经成为影响生物多样性的最主要因素之一。因周边人类活动频繁，海南的红树林已经成为生物入侵的重灾区。迄今为止，危害海南红树林的主要外来入侵植物包括薇甘菊、飞机草、白花鬼针草、五爪金龙等（图 2-20 至图 2-22），入侵动物有萨氏仿贻贝（表 2-4）。调查发现，海南所有的红树林均发现有外来入侵植物，其中三亚河、陵水新村、文昌清澜港、海口东寨港、澄迈花场湾等地是外来入侵植物的重灾区。但是，由于这些入侵植物的耐盐和耐淹水能力有限，它们无法在潮间带滩涂生长，除对红树林内缘的半红树植物区或高潮带的部分红树林造成直接影响外，对红树林的影响有限。而入侵动物萨氏仿贻贝在东寨港、三亚河、铁炉港等地已成为常见种，且在三亚河红树林已成为底栖动物的绝对优势种（图 2-23）。

图 2-20　入侵植物飞机草（图片来源：王文卿）

图 2-21　入侵植物薇甘菊（图片来源：王文卿）

图 2-22　入侵植物五爪金龙（左）和白花鬼针草（右）（图片来源：王文卿）

表 2-4　中国红树林主要入侵植物和动物

	种名	学名	危害情况
动物	萨氏仿贻贝	*Mytilopsis sallei*	红树林外潮沟及废弃鱼塘，较严重
植物	银合欢	*Leucaena leucocephala*	半红树植物区，常见
	簕仔树	*Mimosa sepiaria*	半红树植物区，广西较严重
	鬼针草	*Bidens pilosa*	红树林周边陆地，福建以南常见
	飞机草	*Chromolaene odorata*	红树林周边陆地，海南较严重、常见
	互花米草	*Spartina alterniflora*	浙江、福建、广东和广西严重危害，海南和台湾也有
	五爪金龙	*Ipomoea cairica*	红树林陆地一侧，海南、广东和广西部分地点严重危害
	薇甘菊	*Mikania micrantha*	红树林周边陆地，广东部分地点严重危害
	南美蟛蜞菊	*Sphagneticola trilobata*	红树林周边陆地，常见

图 2-23　海南儋州湾红树林外滩涂互花米草（左）和入侵种萨氏仿贻贝（三亚河）

（图片来源：王文卿）

　　来自美国的互花米草已经对我国浙江、福建、广东和广西的红树林造成了严重威胁。2003 年，互花米草被国家环保总局列入第一批外来入侵种名单。2015 年 8 月，我们首次在儋州湾记录到互花米草（图 2-23），其呈斑块状分布，共 7 丛，平均高约 50 cm，最高 1.5 m，总面积约 100 m²，这也是互花米草在海南的首次记录。随后，儋州市农业委员会及时组织人员将这些互花米草全部人工清除。2021 年，在海口的东寨港、迈雅河等地发现了较大面积的互花米草。

　　除外来种入侵外，一些原生的乡土植物因环境变化也表现出入侵植物的特点，最为突出的例子就是鱼藤（图 2-24）。鱼藤（*Derris trifoliata*），别名三叶鱼藤，为蝶形花科多年生常绿攀缘灌木，耐盐、耐水湿，为典型的滨海植物，常生长于潮汐能到达的淤泥质滩涂或泥质堤岸上，在我国福建、台湾、海南、广东、广西和香港均有天然分布。鱼藤可提取鱼藤酮，是三大植物性农药之一。

图 2-24　鱼藤花（左）和文昌清澜港粗大的鱼藤（右）（图片来源：王文卿）

鱼藤是红树林缘常见的伴生植物。1993 年和 1999 年，我们的调查尚未发现鱼藤危害三亚河红树林。2001—2006 年，我们在文昌清澜港和海口东寨港均未发现鱼藤危害红树林的现象。但是，2008 年以来，三亚榆林河和三亚河、儋州湾、临高马袅港、海口东寨港、文昌清澜港和陵水新村等地的红树林均出现了鱼藤危害红树林的现象，甚至一些珍稀濒危红树植物也未能幸免（图 2-25）。鱼藤攀爬于红树植物的树冠上，影响红树植物叶片正常的光合作用，导致红树植物的衰退和死亡，人工清理后枯死的枝叶也严重影响景观（图 2-26 和图 2-27）。危害最严重的区域为临高马袅港，其局部区域 50%以上的红树林因鱼藤覆盖而死亡。鱼藤危害已经引起了红树林管理部门的高度关注，三亚河、儋州湾和东寨港已经采取人工清除的方式控制鱼藤的危害。鱼藤危害红树林的情况在福建云霄漳江口、广东湛江、广西北仑河口等地的红树林也有发生。就目前而言，鱼藤是海南红树林最主要的非人为威胁。

图 2-25　海南文昌清澜港鱼藤覆盖、危害珍稀濒危树种卵叶海桑（图片来源：王文卿）

图 2-26　鱼藤危害（三亚榆林河）　　　　图 2-27　鱼藤人工治理后景观（三亚河）

（图片来源：王文卿）　　　　　　　　　（图片来源：王文卿）

参考文献

范航清，1995. 广西沿海红树林养护海堤的生态模式及其效益评估[J]. 广西科学，2（4）：48-52.

范航清，黎广钊，1997. 海堤对广西沿海红树林的数量、群落特征和恢复的影响[J]. 应用生态学报，8（3）：240-244.

国家林业局森林资源管理司，2002. 全国红树林资源调查报告[R].

林鹏，傅勤，1995. 中国红树林环境生态及经济利用[M]. 北京：高等教育出版社.

米雪芳，2016. 通过水质改善的红树林生态恢复——以海南东寨港为例[D]. 厦门：厦门大学.

王文卿，钟才荣，王瑁，等，2020. 中国珍稀濒危红树植物调查报告[R].

Alongi D M，2008. Mangrove forests：resilience，protection from tsunamis，and responses to global climate change[J]. Estuarine，Coastal and Shelf Science，76（1）：1-13.

Botero L，Salzwedel H，1999. Rehabilitation of the Ciénaga Grande de Santa Marta，a mangrove-estuarine system in the Caribbean coast of Colombia[J]. Ocean & Coastal Management，42（2-4）：243-256.

Duke N C，2017. Mangrove floristics and biogeography revisited：further deductions from biodiversity hot spots，ancestral discontinuities，and common evolutionary processes[M]//Mangrove ecosystems：a global biogeographic perspective. Springer，17-53.

Macintosh D J，Ashton E C，Havanon S，2002. Mangrove rehabilitation and intertidal biodiversity：a study in the Ranong mangrove ecosystem，Thailand[J]. Estuarine，Coastal and Shelf Science，55（3）：331-345.

Polidoro B A，Carpenter K E，Collins L，et al.，2010. The loss of species：mangrove extinction risk and geographic areas of global concern[J]. PloS One，5（4）：e10095.

Wu H，Peng R，Yang Y，et al.，2014. Mariculture pond influence on mangrove areas in south China：significantly larger nitrogen and phosphorus loadings from sediment wash-out than from tidal water exchange[J]. Aquaculture，426：204-212.

第 3 章

中国红树林的管理

红树林地处海陆交汇处，作为全球开放程度最高的自然生态系统，不仅受陆地的影响，还会受到海洋的强烈影响。我国的红树林地处西太平洋台风和风暴潮等灾害天气的高发区，更增加了来自海洋影响的不确定性。此外，我国红树林周边人口密度特别高，围填海、过度捕捞、围塘养殖、污染等人类活动强烈地影响着红树林。因此，与一般的森林相比，红树林的管理对技术和人才的要求更高。本章在评估我国红树林相关法律规范以及红树林保护地能力的基础上，从社区共管、监测与评估以及国际合作的角度，对我国的红树林管理进行论述。

3.1　中国现行的红树林保护法律法规研究

依法治国是我国的基本方略，有效保护红树林离不开健全有效的法律支持。本节对我国现行法律规范中与红树林有关的内容进行了简要分析，并结合工作中遇到的实际问题，提出相关建议。

3.1.1　我国有关红树林保护的法律规范体系简要分析

关于红树林保护，在我国多部法律规范中都可以找到适用的内容，在我国法律位阶最高的《宪法》中也有关于保护珍贵动物和植物、禁止破坏自然资源的内容可以适用于红树林保护[①]。

在全国适用的法律、行政法规和部门规章层面，我国没有制定专门的红树林保护法律规范。现行有效的专门用于规范红树林保护的全国适用法律规范仅有 2003 年由国家林业局颁发的规范性文件——《关于进一步加强红树林资源保护管理工作的通知》（林资发〔2003〕81 号），该文件主要用于规范林业部门的内部管理，且法律位阶较低，对红树林的保护作用有限。

---

① 《中华人民共和国宪法》第九条规定：国家保障自然资源的合理利用，保护珍贵的动物和植物。禁止任何组织或者个人用任何手段侵占或者破坏自然资源。

在地方立法层面，专门性的地方性法规有《广西壮族自治区红树林资源保护条例》和《海南省红树林保护规定》；福建省、广东省、福州市、广州市和海口市都在湿地保护的地方性法规中列出专门的条款规范红树林保护；各个红树林自然保护区另有专门制定的法律规范，一区一法工作得到较好实施，如《广东湛江红树林国家级自然保护区管理办法》《广西壮族自治区山口红树林生态自然保护区和北仑河口国家级自然保护区管理办法》《海口市人民代表大会常务委员会关于加强东寨港红树林湿地保护管理的决定》等。

鉴于红树林在我国并非全国性广泛分布，在红树林分布的主要区域都已有专门的地方性立法给予特别保护，而且因为法律规范的高度概括性，有多部法律位阶较高的法律、行政法规可适用于红树林保护，所以从量上说我国不缺乏红树林保护的法律规范。但是，结合红树林保护实践看，现有法律规范还不足以保证红树林资源的科学和有效保护。

3.1.2 对现行红树林保护法律规范有待完善的几点探讨

3.1.2.1 在已有立法中没有对"红树林"概念的统一界定

"红树林"既用于描述红树植物群落，也用于描述红树植物及其生境构成的生态系统。原国家林业局颁布的《关于进一步加强红树林资源保护管理工作的通知》中明确规定"红树林统一纳入森林资源保护管理的范畴"，《广西壮族自治区红树林资源保护条例》和《海南省红树林保护规定》中也都确定红树林为植物群落。而同样的"红树林"三个字，在《中华人民共和国海洋环境保护法》中被作为与滨海湿地、海岛等并列的一种海洋生态系统的概念使用。

概念的不确定性，势必导致适用法律和保护理念的混乱。从保护植物群落的角度出发，关注的是红树的生长繁殖；从生态系统角度出发，除保护红树植物群落外，还要关注红树林的生长环境和伴生生物，必要时为保护生态系统可能要舍弃部分红树植物群落。

红树林保护的出发点在于红树林具有生态价值，但红树林的价值不仅局限于红树植物本身，红树林所依赖和促成的特殊的生态环境及其伴生的物种都是红树林生态系统不可或缺的成分，而且保护红树林的前提就是要为红树提供适宜生长的环境，科学保护红树林的重点应是保护红树所在生态系统的完整性和稳定性[1]。因此，有必要区分红树植物与红树林生态系统的不同，加大对红树林生态系统的整体保护（本节后续使用"红树林"的概念均指红树林生态系统）。

3.1.2.2　各立法中的生态保护理念不同

党的十八大以来，党和国家高度重视生态文明建设，提出必须树立尊重自然、顺应自然、保护自然的生态文明理念，走绿色可持续发展道路，推动形成人与自然和谐发展的现代化建设新格局。

（1）在现有立法中很难找到对私权利利用红树林资源的授权条款，多数只有红树林资源利用的负面清单，但对合理利用和开发却没有明确的规定。红树林保护的理念仍没有上升到"绿水青山就是金山银山"的层面，更侧重于保护绿水青山，而忽视了绿水青山的现实价值，忽视了人与自然和谐共生的重要性，这样的保护在成本与长效性上都是不可取的，也是与可持续发展理念相悖的。

（2）在红树林保护的立法中还有人定胜天的工业文明理念，比如允许占补平衡的规定[2]。占补平衡意味着被破坏的自然可以人为修复，而且有些条文中规定等面积恢复即视为平衡，这样的规定显然无视不同红树林质量或生态系统服务功能的差异，也低估了破坏生态系统的成本。就红树林来说，不同位置的海水潮汐都会影响红树的生长，红树林内的底栖生物不可能跟随红树一起迁移，恢复了红树数量也无法复制原有红树林的生物多样性，这些问题都是占补平衡所不能解决的。

（3）红树林作为一种宝贵的生态系统，其保护必须遵从生态文明的理念：尊重自然、顺应自然、保护自然。例如，《海南省红树林保护规定》中有这样一条："在红树林自然保护区和保护林带外围建设的项目，不得损害红树林生态环境。"此规定的特别之处在于保护措施扩展到"外围建设项目"，这一点对红树林保护至关重要。作为最开放的自然生态系统之一，红树林对周边环境很敏感。现实中因为附近围填海项目、修建水利工程和养殖塘等改变水文条件造成红树林退化甚至死亡的例子很

---

[1] 《全国湿地保护"十三五"实施规划》中"4.1 重大工程建设和项目筛选原则"规定：按照党的十八大、十八届三中、四中、五中、六中全会提出的"加大自然生态系统保护力度、实施重大生态工程"的要求，以及"尊重自然、顺应自然、保护自然"的生态文明理念，对湿地实施全面保护，对退化湿地实施生态修复，维护湿地生态系统的完整性和稳定性，提高湿地生态产品供给能力，保护湿地生物多样性，增强湿地生态功能，惠及民生，为我国生态安全和粮食安全提供保障。

[2] 《广州市湿地保护规定》第四十一条第一款：经依法批准占用重要湿地的，建设单位应当根据湿地保护规划、国家有关湿地保护的标准和技术规范，按照先补后占、占补平衡的原则制定湿地恢复建设方案，并报该湿地的行政主管部门审核同意。

多，也有因为紧邻红树林自然保护区外围修建公路、桥梁干扰候鸟迁徙的情况，这些都是不符合生态文明理念的行为。只有从尊重自然的角度出发保护红树林，才能真正实现对红树林的保护。因此，所有的红树林保护立法都应以生态文明的理念来制定、检验和修正。

3.1.2.3 现有红树林保护法律规范存在执法不畅的缺陷

（1）现实中最亟须改善的是红树林保护机构缺乏行政强制措施权。例如，在红树林保护中最常见的打鸟、电鱼等违法行为，行为人一般不会随身携带身份证件，身份不易查明，罚款等处罚也难以落到实处。现实中扣押财物是制止类似行为再次发生的行之有效的行政强制措施，但红树林保护法律规范中都没有授权红树林保护机构行使这些强制措施的规定。行政强制措施在没有法律依据的情况下实施是违法的。我国《行政强制法》规定，尚未制定法律、行政法规，且属于地方性事务的，地方性法规可以设定查封场所、设施或者财物，扣押财物的行政强制措施。如果现有地方立法充分行使了此项授权，可以有效提高红树林保护力度。

（2）执法不畅还有一个原因是由 2002 年试行"相对集中行政处罚权"发展来的综合行政执法制度造成的管理与执法主体脱节问题。根据中共中央《深化党和国家机构改革方案》规定，林草部门负责"监督管理森林、草原、湿地、荒漠和陆生野生动植物资源开发利用和保护，组织生态保护和修复，开展造林绿化工作，管理国家公园等各类自然保护地等"。国务院办公厅下发的《生态环境保护综合行政执法事项指导目录（2020 年版）》中，法律授予林业部门行使的，对湿地、国家公园和自然保护区内的违法行为处罚权都由生态环境部门负责统一执法行使，如"对在自然保护地内进行非法开矿、修路、筑坝、建设造成生态破坏的行政处罚"等。

综合行政执法最终带来现实中的权责不对等、执法时空偏差等问题。《中共中央 国务院关于深入推进城市执法体制改革改进城市管理工作的指导意见》中曾明确提出一项行政执法的基本原则："坚持权责一致。明确城市管理和执法职责边界，制定权力清单，落实执法责任，权随事走、人随事调、费随事转，实现事权和支出相适应、权力和责任相统一。"行政管理是通过行政执法行为来完成的，行政执法行为又包括行政检查、行政许可、行政处罚和行政强制等行为，没有行政执法权的行政管理权就成了空中楼阁。无论是委托执法，还是联动执法，都提高了执法成本、降低了执法专业水平和执法效率，无法弥补权责不对等的执法困境。红树林管理的行政执法问题还需从提高作为管理主体的林业部门的行政能力入手解决。

（3）存在地方立法未能充分行使立法权以促进红树林保护执行力的情况。我国2014 年修订的《环境保护法》第五十九条第三款作出的授权"地方性法规可以根据环境保护的实际需要，增加第一款规定的按日连续处罚的违法行为的种类"中，按日连续处罚是对受到罚款处罚但拒不履行的惩罚措施，实践中可以起到尽快纠正违法行为、减小损失和加大违法成本以警示、避免违法的积极作用。但在此授权出台后颁布的红树林和湿地保护地方性法规中均未见使用。

3.1.3　关于红树林保护迫切需要解决的问题也存在于其他的相关法律规范中

3.1.3.1　我国现有产权制度下红树林保护的社区参与自发性受到限制

红树林分布于海岸潮间带，我们国家在高潮水位线向海一侧的海域都归国家所有[①]。虽然依据我国《海域使用管理法》，可以由当地村民继续无偿享有养殖用海的使用权[②]，但红树林所在土地一般不属于集体所有土地，当地村民没有所有权，其使用权也受到海域使用权的限制，所以红树林所在海域不具备像集体所有土地上的"婺源模式"一样的社区自发管理的产权条件。依据现有法律，社区自发参与红树林保护需要依法申请红树林区域的海域使用权，由有关部门批准并缴纳海域使用金后，才可利用或保护红树林。社区自发参与保护和开发利用红树林以实现可持续发展，需要在我国海域使用权管理制度中给予特别规定，如优先受让权、生态用海免收海域使用金等。

3.1.3.2　生态补偿问题

红树林保护影响和改变了附近村民的生产生活，附近村民的行为又直接影响红树林的保护成效。我国的红树植物普遍低矮，木材及林副产品的直接利用价值相对较低，而红树林的生态系统服务功能以具有公益性的服务为主。相对于陆地森林，

---

① 《中华人民共和国海域使用管理法》第二条：本法所称海域，是指中华人民共和国内水、领海的水面、水体、海床和底土。本法所称内水，是指中华人民共和国领海基线向陆地一侧至海岸线的海域。在中华人民共和国内水、领海持续使用特定海域三个月以上的排他性用海活动，适用本法。第三条：海域属于国家所有，国务院代表国家行使海域所有权。任何单位或者个人不得侵占、买卖或者以其他形式非法转让海域。单位和个人使用海域，必须依法取得海域使用权。
　《海洋学术语　海洋地质学》（GB/T 18190—2017）规定：海陆分界线，在我国系指多年大潮平均高潮位时海陆分界线。
② 《中华人民共和国海域使用管理法》第二十二条：本法施行前，已经由农村集体经济组织或者村民委员会经营、管理的养殖用海，符合海洋功能区划的，经当地县级人民政府核准，可以将海域使用权确定给该农村集体经济组织或者村民委员会，由本集体经济组织的成员承包，用于养殖生产。

红树林周边社区居民从保护红树林中获得的直接收益较小。如果生态补偿问题不能首先落实，红树林保护中人与自然和谐发展的可持续性就无法落实。现行可操作的适用于红树林附近社区居民生态补偿的法律文件有三亚市政府印发的《三亚市生态效益补偿管理暂行办法》和深圳市政府印发的《关于大鹏半岛保护与开发综合补偿办法》等，其效力范围和级别都非常有限，还远不能满足红树林保护工作的需要。

3.1.3.3　海洋项目的环评问题

目前我国对红树林破坏力最大的因素就是围填海工程，但林草部门作为红树林保护的主管部门对红树林外围的围填海项目却没有法定的异议权和否决权。防止海洋工程对红树林影响的关键节点在于项目环评报告的批准，在我国《海洋环境保护法》[①]和《防治海洋工程建设项目污染损害海洋环境管理条例》[②]中，负责红树林保护的林草部门都不在需要征求其意见的部门之中，造成形式上存在责权不对等现象。在"法无授权不可为"的行政法律体系下，实质上就存在对红树林等自然资源保护不利的隐患。希望相关法律能够及时修订。可喜的是，我国自 2018 年开始实施最严格的围填海管控，原则上不再审批一般性填海项目。

3.1.4　结论与建议

红树林保护是生态保护整体布局上的一个点，那么红树林保护适用法律规范的科学性和有效性离不开生态保护整体法律规范的科学性和有效性，无论是以点带面还是以面促点，红树林保护和生态保护的其他方面都应以生态文明的理念，科学立法、有效执法，关注人与自然的可持续发展。

3.2　中国红树林保护地建设

3.2.1　红树林保护地概况

1980 年 1 月海南东寨港省级自然保护区（后升级为国家级）成立至今，我国大

---

① 《中华人民共和国海洋环境保护法》第四十三条第二款：环境保护主管部门在批准环境影响报告书（表）之前，必须征求海洋、海事、渔业主管部门和军队环境保护部门的意见。
② 《防治海洋工程建设项目污染损害海洋环境管理条例》第十条第二款：海洋主管部门在核准海洋工程环境影响报告书前，应当征求海事、渔业主管部门和军队环境保护部门的意见；必要时，可以举行听证会。其中，围填海工程必须举行听证会。

陆已建立以红树林为主要保护对象的各级保护地 38 个（不包括保护小区），其中国家级自然保护区 6 个、国家级湿地公园和海洋特别保护区 7 个、省级自然保护区 8 个、省级湿地公园 1 个、市（县）级自然保护区和湿地公园 16 个（表3-1）。保护地范围内红树林总面积约 20 000 hm^2，中国 3/4 的天然红树林已纳入保护地范围，涵盖 100%的真红树植物和半红树植物种类。红树林已经成为我国保护比例最高的自然生态系统之一（卢元平等，2019），这个数字远远高于全球红树林的平均受保护水平（25%）（Polidoro et al.，2010）。

表 3-1　我国红树林保护地基本信息

保护地名称	级别	成立时间	总体规划	管理机构	科考	勘界
1. 福建龙海九龙江口红树林省级自然保护区	省级	1988	有	有	有	有
2. 福建宁德环三都澳湿地水禽红树林自然保护区	市（县）级	1997	有	无	有	无
3. 福建泉州湾河口湿地省级自然保护区	省级	2002	有	有	有	有
4. 福建漳江口红树林国家级自然保护区	国家级	1992	有	有	有	有
5. 广东大亚湾红树林国家级城市湿地公园	国家级	2017	有	无	有	无
6. 广东海丰鸟类省级自然保护区	省级	未知	有	有	有	有
7. 广东海陵岛红树林国家湿地公园	国家级	2014	有	有	有	有
8. 广东惠州市惠东红树林自然保护区	市（县）级	1999	有	无	有	有
9. 广东雷州九龙山红树林国家级湿地公园	国家级	2009	有	有	有	有
10. 广东茂港区红树林自然保护区	市（县）级	2001	有	无	有	无
11. 广东茂名市水东湾红树林自然保护区	市（县）级	1999	有	无	有	有
12. 广东汕头市湿地自然保护区	市（县）级	2001	有	无	有	有
13. 广东深圳大鹏半岛自然保护区	市（县）级	2010	有	无	有	有
14. 广东深圳内伶仃岛—福田国家级自然保护区	国家级	1984	有	有	有	有
15. 广东台山市镇海湾红树林自然保护区	市（县）级	2005	有	无	有	有
16. 广东阳江市平岗红树林自然保护区	市（县）级	2005	无	无	无	无
17. 广东阳西县程村豪光红树林自然保护区	市（县）级	2000	无	无	无	无
18. 广东湛江红树林国家级自然保护区	国家级	1990	有	有	有	有
19. 广东珠海淇澳—担杆岛省级自然保护区	省级	1989	有	有	有	有
20. 广西北海滨海国家湿地公园	国家级	2016	有	有	有	有

保护地名称	级别	成立时间	总体规划	管理机构	科考	勘界
21. 广西茅尾海红树林自治区级自然保护区	省级	2005	有	有	有	有
22. 广西山口国家级红树林生态自然保护区	国家级	1990	有	有	有	有
23. 广西北仑河口国家级自然保护区	国家级	1985	有	有	有	有
24. 广州南沙湿地公园	市（县）级	2004	有	有	有	有
25. 海南澄迈花场湾红树林自然保护区	市（县）级	1995	无	无	无	无
26. 儋州新英湾红树林市级自然保护区	市（县）级	1986	无	无	无	无
27. 海南东方黑脸琵鹭省级自然保护区	省级	2006	有	有	有	有
28. 海南东寨港国家级自然保护区	国家级	1980	有	有	有	有
29. 彩桥红树林保护区	市（县）级	1986	无	无	无	无
30. 海南陵水红树林国家湿地公园（试点）	国家级	2017	有	无	有	有
31. 海南清澜红树林省级自然保护区	省级	1981	有	有	有	有
32. 三亚河红树林自然保护区	市（县）级	1989	无	无	无	无
33. 三亚亚龙湾青梅港红树林自然保护区	市（县）级	1989	无	无	无	无
34. 三亚市铁炉港红树林自然保护区	市（县）级	1999	无	无	无	无
35. 海南青皮林省级自然保护区	省级	1980	有	有	有	有
36. 海南新盈红树林国家湿地公园	国家级	2005	有	无	无	有
37. 浙江苍南龙港红树林省级湿地公园	省级	2018	有	无	有	有
38. 浙江西门岛国家级海洋特别保护区	国家级	2005	有	有	有	有

注：资料收集时间为 2019 年 12 月。

3.2.2 红树林保护地管理现状

我国的保护地建设已由"量的扩张"进入"质的提升"阶段。保护地管理是否科学有效直接关系到保护地保护目标的实现和保护功能的发挥。保护地管理有效性评估也是政府主管部门加强保护地管理的决策依据（韩晓东等，2017；刘文敬等，2011）。

目前国内很多红树林保护地管理不完善，大量保护地基本数据空白，尚不足以支持各种评估方法所要求的大批量科学数据。2020 年，我们收集了我国红树林自然保护地信息，基于人员结构（职称和专业）、综合科考、总体规划及勘界等 4 个关键要素，就全国红树林保护地的管理现状进行了对比分析（表 3-1）。

3.2.3　红树林保护地管理能力评估（人员结构）

2020 年，对有成立专门机构的 22 个保护地（缺广西茅尾海红树林自治区级自然保护区和广东海丰鸟类省级自然保护区）管理人员信息完成统计，并利用 2010 年的调查资料，对比分析了 14 个保护地 2010—2020 年管理成员的变化情况，以全面分析全国红树林保护地人力资源配置力度及其合理性。

全国已经建立了一支总人数为 208 人的红树林保护地管理人员队伍。与 2010 年相比，人数增加了 24 人。统计的 22 个红树林保护地的管理人员的平均年龄为 43 岁，最高 59 岁，最低 21 岁。截至 2020 年，这些保护地的工作人员平均工作年限 15 年，最高 39 年，最低 3 个月。

按人员受教育程度划分，红树林保护地技术与管理工作人员中，本科及专科毕业生占比最高（44%），2020 年占比较 2010 年下降了 7 个百分点；其次为中专毕业生（7%），占比较 2010 年增加了 2 个百分点；硕士及博士毕业生占比较少（6%）（图 3-1）。

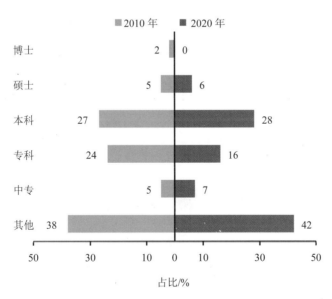

图 3-1　全国红树林保护地人员受教育水平

保护地人员的最高学历专业背景组成较多元，涵盖了林业科学与管理类（25%）、经济管理类（23%）、生物科学与工程类（8%）、生态学与环境工程类（5%）、规划类（3%）、农业科学与管理类（2%）、海洋科学与工程类（1%）及其他（33%）（图 3-2）。

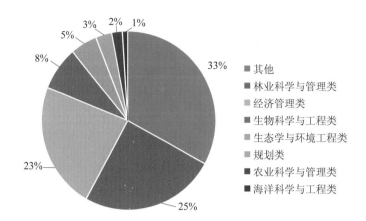

图 3-2　全国红树林保护地人员专业组成

按专业技术水平划分，2020 年，红树林保护地中 8%的技术工作人员为高级工程师、高级农艺师、高级经济师等高级技术人员；11%为工程师、经济师等中级技术人员；10%为助理工程师等初级技术人员；检测员、工勤、管护人员等其他非分级技术人员占全国红树林保护地技术工作人员的 71%。较 2010 年，中级技术人员比例增加了 4%，初级技术人员比例减少了 5%（图 3-3）。按行政管理干部职称划分，2020 年，在统计的 22 个红树林保护地中，正处级、副处级干部共 13 位，正科级、副科级干部 12 位，科员 22 位。保护地各级别技术人员以林学专业背景为主，各级别管理层多为 "经济管理类"或"其他类"专业。各级别的管理层多为本科毕业生（表 3-2）。

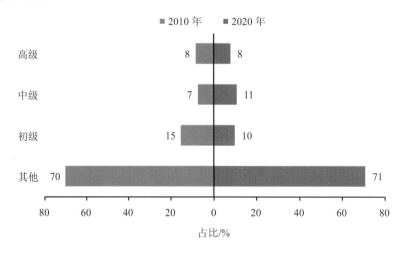

图 3-3　全国红树林保护地技术工作人员专业技术水平

表 3-2　22 个保护地各技术级别和管理级别的专业背景、年龄层次、工作年限及学历分布情况

项目		占比						
		高级技术	中级技术	初级技术	其他技术	高级管理	中级管理	初级管理
专业背景	规划类							
	生态学与环境工程类							
	林业科学与管理类							
	生物科学与工程类							
	农业科学与管理类							
	海洋科学与工程类							
	经济管理类							
	其他类							
年龄层次	20～30 岁							
	31～40 岁							
	41～50 岁							
	50 岁以上							
工作年限	1～5 年							
	6～15 年							
	16～30 年							
	30 年以上							
学历	中专							
	专科							
	本科							
	硕士							
	博士							

3.2.4　保护地管理存在的问题

我国红树林的主体是河口和海湾红树林，红树林周边农业及工业活动频繁，红树林面临着较强的人为干扰。因此，对于红树林湿地的科学保护和依法保护在保护地人员专业背景上有较高要求。通过 2020 年统计数据可大致看出，目前我国的红树林保护地人员结构仍有待提升。主要包括以下问题：

（1）由于红树林生态系统位置的特殊性——位于海陆交错带，保护、修复与管理对人员的要求较高，不仅需要有林学专业人才，更需要有海洋、生态、环境、规划和地理等专业的人参与。现有管理人员中，林业科学与管理类占主导，海洋科学与工程类专业人员仅占总人数的 1%（图 3-2）。这种专业结构不合理的情况已有吃亏先例。中荷合作雷州半岛红树林综合管理和沿海保护项目是迄今为止我国最大的外

国赠款红树林项目，在实施初期，由于技术人员以林业科学与管理类专业为主，专业知识结构不合理，与项目综合性内容不匹配，导致项目前期进展缓慢。后通过培训及引进海洋科学、野生动物和地理等专业人员才得以解决（蔡俊欣，2008）。

（2）红树林生态系统具有较高的系统复杂性，对该系统的认识与综合管理需要较丰富的自然科学基础理论知识。现有人员中研究生比例偏低，200 多人的队伍中只有 12 人具有硕士学位。与 2010 年相比，学历结构没有改善（图 3-1）。

（3）具有生态、环境、生物等专业背景的管理层在保护地中的缺乏，可能对保护地实施科学的管理决策造成限制（表 3-2）。

本次调查还统计了红树林保护地人员对参与职业技术培训的意愿，结果显示，全国约有 3/4 的红树林保护地工作人员有很强的意愿参加相关技术培训（图 3-4）。

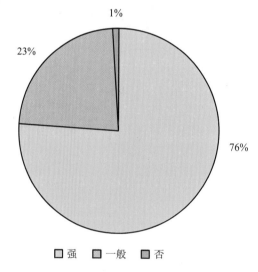

图 3-4　全国红树林保护地人员参与职业技术培训的意愿

在 38 个保护地中，有 14 个没有成立专门的管理机构，占 36.8%；7 个没有编制总体规划，占 18.4%；7 个没有科考报告，占 18.4%；9 个没有勘界，占 23.7%。截至 2019 年，还有 2 个国家级保护地和 1 个省级保护地没有成立专门的管理机构，没有完成科考和勘界的国家级保护地各 1 个。16 个市（县）级保护地中，7 个没有编制总体规划，11 个没有成立专门的管理机构，6 个没有科考报告，8 个没有完成勘界工作（图 3-5）；其中有 5 个保护地没有总体规划、没有科考、没有勘界，也没有成立专门的管理机构。没有勘界、没有编制总体规划、没有科考报告的均为市（县）级的保护地（图 3-5）。

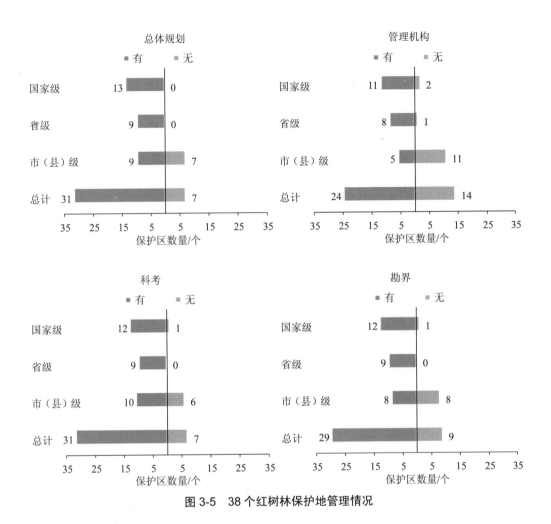

图 3-5　38 个红树林保护地管理情况

以上结果说明，我国红树林保护地人员结构目前还远不能满足红树林监测、管理与宣教的需求，迫切需要通过培训来提高保护地人员的管护能力，同时大力引进人才以改善保护地人员结构。

3.3　社区参与

自然保护区的社区共管指的是社区和保护区管理部门对保护区的自然资源进行共同管理的过程（国家林业局野生动植物保护司，2002）。通过社区共管，保护区与社区共同制订自然资源管理计划，社区参与和协助保护区进行自然资源的管护。

鉴于红树林所处海陆交汇环境的特殊性，再加上我国红树林分布的高人口密度，红树林面临多种多样的威胁和压力。作为全球开放程度最高的自然生态系统之一，采取严格限制人员进入的封闭式管理是不可行的。东南亚国家的经验表明，若没有解决红树林自然保护区所在地的贫困问题，仅仅通过自上而下地成立不同级别红树林保护区不可能达到自然保护的预期目标（Friess et al.，2016）。这种情况在中国也是如此，中国虽然已经把 3/4 以上的天然红树林纳入保护地，但还是不能有效阻止红树林的退化（Wang et al.，2020）。若不开展生态旅游，红树林生态系统的资源直接利用价值（水产品捕捞、木材及林副产品）不超过全部生态系统服务价值的1.0%（韩维栋等，2012）。这种生态系统服务功能的外向性决定了红树林生态修复所增加的生态系统服务功能受益方的多样性。红树林保护与修复带有明显的公益性。红树林周边社区居民从红树林保护和修复中得到的实物产品的价值有限，这客观上影响了社区居民保护红树林的积极性（王瑁等，2019；王文卿等，2007）。在全球气候变化的大背景下，如何权衡资源利用与环境保护并实现人与自然和谐共生，是滨海湿地生态系统保护和管理面临的重要难题之一（徐彩瑶等，2018）。在东南亚国家，红树林湿地生物多样性保护和社区可持续发展经常是一对不可调和的矛盾，而有效的社区共管是解决这个矛盾的基础和有效方式（Friess et al.，2016）。

红树林保护地的管理需要社区的参与。大量实践表明，成功的生态修复离不开广泛的公众参与，尤其是社区居民及其他利益相关者的有效参与（Jellinek et al.，2019；陈彬等，2019；Lipsky & Ryan，2011）。印度孙德尔本斯的实践结果表明，在人口稠密区开展退化红树林的被动修复（自然修复）是不够的，需要采取积极的主动干预措施。红树林植被及土壤监测结果表明，社区参与的红树林管理效果比单纯的政府管理要好（Datta & Deb，2017）。Jagtap 和 Nagle（2007）对印度红树林的调研结果表明，只有社区居民及利益相关方充分且有效参与，红树林生态系统的有效管理才可能实现。社区参与在墨西哥湾红树林修复中也发挥了重要作用（Zaldívar-Jiménez et al.，2017）。甚至有人认为红树林生态系统的未来取决于红树林与社区居民的关系（Chazdon，2008）。

鉴于社区居民在海岸资源的使用及日常管理中的作用，不仅天然红树林湿地的保护与管理需要社区居民的参与，红树林修复也需要社区居民参与。社区居民不仅要参与红树林修复项目的实施，也要参与修复项目的规划设计，这将有助于项目的成功。在红树林修复项目实施过程中，可以通过直接的现金、改善基础设施、增加就业、经济动物捕捞及种养殖等途径，使社区居民从中获得实实在在的益处（Primavera et al.，2011；Samson & Rollon，2008；Primavera & Esteban，2008；Katon et al.，2000）。

国内以红树林为主要保护对象的 14 个省级以上自然保护区（国家级 6 个、省级

8 个）中，除广东湛江红树林国家级自然保护区管理局设置了可持续管理科负责社区共管外，其余的都没有把社区共管纳入日常工作。针对广东湛江红树林国家级自然保护区试验区内的大面积鱼塘，保护区管理局与养殖户签订共管协议，规范养殖户行为，保证鱼塘的自然纳潮以确保红树林正常生长，同时给予养殖户一定的生态补偿。我们查阅了福建、广东、海南的一些红树林修复工程设计实施方案，没有一个涉及社区共管的。比较可喜的是，由国家海洋局第三海洋研究所和厦门大学共同起草的《红树林植被恢复技术指南》（HY/T 214—2017）引入了公众参与原则，强调红树林恢复中需注重提升社区收益，鼓励恢复地周边区域公众的积极配合与参与，但这并不是强制性的要求。

国内红树林的保护、恢复与管理，很大程度上是通过行政手段实现。虽然取得了一定的效果，但也存在行政成本投入大、短期有效、协调能力差、有些预期目标难以实现等问题。

3.4　监测与评估

3.4.1　监测与评估的必要性

3.4.1.1　红树林是华南沿海生态安全屏障

红树林作为华南沿海防护林的第一级基干林带，是陆地生态系统向海洋生态系统过渡的最后一道绿色"生态屏障"。沿海地区是我国经济最发达、人口最密集的地区，在国民经济和社会发展中具有举足轻重的地位和作用。受特殊的地理位置以及气候条件的影响，沿海地区台风、风暴潮、灾害性海浪、赤潮等自然灾害发生频率高，对沿海生产、生活造成严重破坏。红树林具有重要的防风消浪、防灾减灾的生态功能，能帮助抵御 40 年一遇的强台风，保护海堤并减少堤内经济损失。此外，红树林还具有促淤造陆、生物多样性维持、净化环境、固碳增汇等重要生态功能，而且也是鱼、虾、蟹、贝类生长繁殖的场所，为沿海市场提供丰富的海产品。可见，红树林在保障人民群众生命财产安全和促进沿海地区经济社会可持续发展方面具有十分重要的意义。通过建立国家红树林野外观测研究站，监测红树林生态系统各生态环境要素和生态过程的时空动态，揭示自然环境变化和人类活动对红树林湿地生态系统的冲击与调控过程，同时建立海岸带生态安全评估体系和预警机制，可更好地服务于我国海岸带生态安全建设的需要。

3.4.1.2 全球变化的大背景下，加强红树林生态监测和科学研究符合海岸带生态系统理论创新和技术突破的重大科学需求

红树林湿地作为陆地与海洋过渡带的特殊生态系统，具有不同于陆地森林和其他湿地类型的独特生态过程、结构和功能。周期性的海水浸淹、动荡的水文过程、高有机质的沉积物构成了红树林湿地独特的生境。而以高生产力、高生物量的木本植物群落为建群种是红树林区别于其他滨海湿地生态系统的重要特征。陆地—海洋过渡带的地理环境以及独特的生态系统结构又使得红树林具备了促淤造陆、净化陆源污染、固碳增汇、维持潮间带生物多样性等重要生态功能。然而，也正因为其位于陆地—海洋生态系统过渡带，红树林生态系统数据收集困难，在生态系统理论研究方面要落后于陆地森林生态系统和其他湿地生态系统类型。目前，国内的红树林研究不仅缺乏长期基础监测数据，更面临着监测方法不统一和监测标准的缺失问题。此外，我国还没有一个国家层面的红树林湿地野外科学观测研究站，在生态恢复的理论和技术方法体系方面也亟待开展深入研究。

3.4.1.3 监测是制订和研发科学的红树林修复策略和技术的基础

我国正在实施大规模的红树林修复，对修复效果的监测和评估是制订和研发科学的修复策略和修复技术的保障。Chazdon（2008）在总结了全球众多森林恢复的成功经验和失败教训后指出，森林生态系统的恢复需要几十年甚至更长时间。海洋和河口生态系统的动植物种类组成完全恢复需要 15～25 年，而恢复其生物多样性则需要更长时间（Borja et al.，2010）。菲律宾八打雁省（Batangas）一项研究表明，退塘还林/湿后的红树林生物量至少需要 50 年才能接近天然林水平。崔保山等（2017）提出应该"以缓代急"，采用长时间序列的生态修复，确保修复后生态系统的稳定性。因此，需要对修复效果开展长期监测与评估，以及时调整修复措施（Kaly & Jones，1998）。但时至今日，修复后生态系统结构与功能的长期跟踪很少，一般修复后跟踪时间不超过 6 年（Duncan et al.，2016；唐以杰等，2012；Bosire et al.，2008；Rönnbäck et al.，2007）。针对退塘还林/湿，有报道的长期跟踪的研究只有 2 项。Rahmania 等（2015）利用遥感技术跟踪了印度尼西亚巴厘岛佩兰卡河口人工退塘还林/湿后 10 年、13 年红树林植被恢复情况。Primavera 等（2011）比较研究了菲律宾八打雁省（Batangas）闲置鱼塘自然恢复后 5 年、15 年和 50 年的红树林群落结构及植物多样性。

通过建立红树林野外观测和研究站，可以系统地收集长期监测数据，结合理论研究，阐明红树林湿地生态系统发生、发展、演替的内在机制，为促进生态环境与

社会经济协调发展提供理论基础。

3.4.2　红树林野外科学观测和研究站现状分析

目前我国尚无国家级的野外观测和研究站，只建有 4 个省部级红树林野外生态站。

3.4.2.1　海南东寨港红树林湿地生态系统定位观测研究站

2004 年建立，依托单位为中国林业科学研究院热带林业研究所。该观测站位于我国生态系统保持最完整、植物多样性最丰富的东寨港红树林湿地，目前已经开展了红树林生态系统结构与功能、生物多样性、水质、土壤、气象等方面的监测。存在的问题：①监测站实验用房无法落实建设地点，仍未开工建设；②没有专门的生态站监测、管理人员，由中国林业科学研究院热带林业研究所研究人员在执行科研项目的同时兼顾生态监测工作，经费、时间、精力投入不足；③监测内容不完整，缺乏动物学（底栖动物、鱼类、鸟类）研究人员，难以开展动物多样性方面的监测；④由于红树林地处风暴频发地带，固定监测样地往往遭到台风严重破坏，导致部分监测项目无法连续监测。

3.4.2.2　广西北海湿地生态系统定位观测研究站

2013 年建立，依托单位为中国林业科学研究院热带林业研究所和广西红树林研究中心。该站是国内首个以沙质红树林湿地为研究对象的生态系统定位观测研究站，主要开展红树林湿地恢复生态学、红树林湿地生态系统结构与功能变化规律、林渔复合红树林生态系统的建立与可持续经营、全球气候变化对红树林湿地生态系统的影响以及红树林防灾减灾效益监测等研究。该站监测楼（504 m^2）基本建好，还未投入使用。

3.4.2.3　广东湛江红树林湿地生态系统定位观测研究站

2017 年开始修建，依托单位为中国林业科学研究院湿地研究所，位于我国红树林面积最大的自然保护区。主要开展红树林湿地的生态系统过程与功能、生物多样性以及对于全球变化和人类干扰的响应机制研究。该站目前正在建设中，尚未投入使用。

3.4.2.4 福建漳江口红树林湿地生态系统定位观测研究站

2008 年开始建设，依托单位为厦门大学，位于福建漳江口红树林国家级自然保护区内。2018 年获批为漳江口红树林湿地生态系统福建省野外科学观测研究站，2019 年与邻近的东山站联合获批认定为教育部野外科学观测研究站。该观测站因紧邻核电站和超大型的石化基地而备受关注。2020 年 4 月，紧邻保护区的总建筑面积 107 m^2 的科研基地大楼封顶，该大楼规划有科研用房、住宿用房、报告厅、讨论室、食堂以及红树林博物馆等。2008 年以来，漳江口红树林基地已经成为"国家理科基础科学科研与教学人才培养基地（生物学）"的华南区实习基地，并在 2012 年被教育部认定为 "国家理科野外实践教育共享平台"首批 32 个基地之一和福建省"大学生校外实践教育基地"。该站建有国内第一套用于红树林湿地碳汇能力监测的涡度协方差观测系统，可用于红树林等典型滨海湿地生态系统的结构与功能、生态系统生物多样性的维持机制、生态系统对全球变化和人类活动的响应等研究。

3.4.3 保护地监测工作现状及问题

近 10 年来，我国 38 个红树林保护地中已有 31 个开展了资源普查，包括动植物、水质、土壤等方面，但是只有少数保护地开展了常规的生态监测，存在的主要问题包括以下五个方面。

3.4.3.1 对监测工作重视不足

监测、管护和宣教是自然保护区的三大任务。长期以来，我国相当一部分红树林保护地把工作重点放在管护，想当然地认为保护区的主要工作就是把林子看好。很多保护地尚未意识到监测的重要性，片面认为监测作为一项长期工作，费时费力，还可能出现监测结果反映保护成效欠佳的情况，因此对监测工作不主动、不积极。以海南省为例（表 3-3），现有的 12 个红树林保护地（含各级自然保护区和湿地公园）中，尚没有一个保护地就某个监测项目开展连续 5 年以上的定期监测；仅有 6 个保护地与科研院校合作，曾开展了短期且以单项目标为主的监测，如只针对鸟类、鱼类、水质等。

3.4.3.2 硬件投入多，能力建设少

当前对保护地监测工作的投入，主要用于硬件设施建设和仪器设备购置。而红树林所处的环境大气盐分含量高，很多自动监测探头因盐分腐蚀导致有效工作时间

短，需要频繁更换。相对于大洋水体，红树林水体浑浊、污损生物多，监测仪器需要频繁维护。大部分用于野外自动监测的仪器使用寿命不超过 2 年。在国家项目资金支持下采购的设备，常常因维护成本过高，保护地难以承担，导致设备后续使用乏力。另外，由于监测能力建设难以用量化指标评估成效，国家项目资金也较少用于保护地人员的能力建设。

表 3-3　海南省红树林保护地开展监测情况

保护地类型	保护地名称	级别	连续 5 年以上监测	短期单项监测	独立开展监测人员
自然保护区	海南东寨港国家级自然保护区	国家级	无	有	有
	海南清澜红树林省级自然保护区	省级	无	有	有
	海南东方黑脸琵鹭省级自然保护区	省级	有	无	无
	海南青皮林省级自然保护区	省级	无	无	无
	海南澄迈花场湾红树林自然保护区	市（县）级	无	无	无
	海南儋州新英湾红树林市级自然保护区	市（县）级	无	有	有
	海南临高彩桥红树林自然保护区	市（县）级	无	无	无
	海南三亚河市级自然保护区	市（县）级	无	有	无
	海南三亚青梅港自然保护区	市（县）级	无	有	无
	海南三亚铁炉港红树林自然保护区	市（县）级	无	有	无
湿地公园	海南新盈红树林国家湿地公园	国家级	无	有	有
	海南三亚河国家湿地公园（试点）	国家级	无	无	无
	海南陵水红树林国家湿地公园（试点）	国家级	无	无	无

注：资料收集时间为 2019 年。

3.4.3.3　缺少专业队伍

常态化的生态系统监测需要定期用标准的方法采集数据，为确保数据可靠性，监测人员应接受相关技术培训，并保持相对稳定。但目前红树林保护地人员构成决定了国内大部分红树林保护区无法有效实施监测。现有监测数据大都来自科研院所在保护区内开展的科研项目成果，往往缺乏长期性和统一性。以海南省为例，尚没有一个保护地制订了长期的监测方案和监测工作计划，而且 2/3 的保护地不具备能开展监测工作的人员。

3.4.3.4 监测尚未能有效服务于保护和管理

监测数据的采集只是开展监测的第一步，要使监测真正服务于保护和管理，必须通过对监测数据的整理和科学分析，对现状做出准确评价，对未来发展趋势做出合理预测，从而为下一步保护、修复和管理提供科学依据。但保护地对于监测数据的科学分析明显不足，保护地的管理未能与监测工作有效衔接。

3.4.3.5 缺乏监测操作规范和指南

红树林生态系统监测起步较晚，目前我国尚未制定相关的操作规范或指南，保护地管理机构开展监测工作缺乏技术指导和参考标准。红树林生态系统的高度开放性决定了其很容易受到外界的影响，决定了红树林生态系统监测的难度。由于长期受到潮汐影响，红树林生境的时空异质性很高。现有的大部分监测标准没有对红树林生境做出具体说明，也没有考虑潮汐因素。这导致各地开展的红树林生态系统监测所得到的监测数据缺乏可比性，不利于形成对我国红树林生态系统整体情况和变化趋势的总体评价。

3.4.4 红树林生态系统监测对象及指标设置建议

红树林生态系统监测对象和指标的选择，一方面要具有代表性、敏感性、科学性，能及时反映红树林生态系统的整体变化状况和趋势，另一方面也要确保可操作性，匹配现有监测队伍的能力和技术条件。鉴于此，提出以下监测对象及指标设置建议。

3.4.4.1 面积

红树林湿地的基本地貌单元包括林地、滩涂、潮沟、浅水水域等，需对各组成部分的面积进行长期监测，调查记录人为因素和自然过程造成的红树林生态系统结构的动态变化，确保红树林生态系统的完整性。例如，人工修复和自然更新带来红树林面积的增加，海岸侵蚀或淤积造成滩涂、潮沟面积的变化等都需要重点关注。面积监测可采用实地测量、无人机航拍和遥感图像判读相结合的方法。另外，要充分考虑海水涨落对监测结果的影响，建议在天文学大潮的低平潮期间开展监测，以提高监测数据的可比性。

3.4.4.2 环境

红树林既是森林又是湿地，水与土是确保红树林生态系统稳定极为重要的基本条件。建议针对红树林生态系统中的水和沉积物进行监测，监测样点的数量根据保护地大小及水文复杂程度确定，并参照相关海洋监测、近海海域水质监测等规范实施。水质监测指标建议包括 pH 值、温度、盐度、溶解氧、悬浮物、营养盐等；沉积物具体监测指标建议包括容重、pH 值、盐度、有机碳、硫化物等。水质监测时需要明确采样时潮汐情况及监测地点。对于海水而言，建议在高平潮时采集水样测定。

3.4.4.3　生物多样性

红树林生态系统是生物多样性最高的海洋生态系统之一。通过对有代表性且对环境敏感的动植物指示种的监测，可以掌握红树林生态系统中不同类型生物栖息地的动态变化。建议优先对植物、鸟类、底栖动物、鱼类、有害生物五大生物类群开展监测，可根据物种的珍稀濒危程度、保护价值及对环境因子的敏感性等因素选择监测目标。生物多样性监测的时候要充分考虑红树林湿地生境的异质性，考虑红树林内、潮沟和滩涂等在生物多样性维持方面的不同作用。

3.4.5　保护地监测工作的提升建议

我国红树林保护地管理队伍专业水平参差不齐，可用资金有限，要推动红树林保护地监测工作的常态化，确保监测的长期性，需结合保护地实际条件，循序渐进、由浅入深。

3.4.5.1　建立常态化监测管理机制

要让监测工作常态化并持续开展，需自上而下建立监测管理机制。在国家或省级层面，保护地主管部门应将监测开展情况纳入保护地管理成效考核范围，建立监测数据定期上报和数据管理制度，并建立监测数据库，通过汇总全国、全省保护地监测数据，掌握资源动态变化和整体发展趋势。此外，还需尽快出台基于我国保护地实际条件和发展趋势的红树林生态系统监测相关指南或规范。在保护地层面，保护地管理机构针对资源现状、特点、威胁因子等情况，结合自身执行能力，制订切实可行的监测方案，并纳入年度工作计划，将数据采集、录入、审核、整理、分析、汇报等工作落实到人。

3.4.5.2　创新监测工作模式

监测工作可由保护地自行开展，但在保护地自身能力、人力不足的情况下，可积极探索与科研机构、大学院校、专业民间组织等机构的合作模式，通过共同开展监测，培养和提升保护地工作人员的监测能力和水平。此外，还可参照公民科学的方式，发动公众不同程度地参与监测，一方面缓解人力不足问题，另一方面能扩大保护地影响力。

3.4.5.3　注重与科研院校的合作与资源共享

保护地是科研院校重要的研究资源。保护地需积极与各相关科研院校建立并保持良好联系，注重吸引科研人员在保护地开展科学研究，推动科研成果的应用。定期与科研院校同步保护地面临的实际问题，了解科研最新进展，既能引导科研方向更切合实际管理需求，也能促进科研成果更好地应用于保护地。在国家和省级层面，应建立信息通道，推动和强化保护地与科研院校的交流与合作。

3.4.5.4　逐步培养专业队伍，充分发挥护林员队伍的作用

监测数据采集工作的质量直接影响数据的有效性，数据采集需要有一支相对稳定的专业队伍。保护地护林员队伍的人员相对稳定，对保护地实地情况最为熟悉，是保护地最值得挖掘和培养的力量。保护地应重视调动护林员的积极性，探索合理的激励机制，提供充分的学习条件，让护林员既有动力，也有途径学习监测技术和基本的专业知识。

3.5　国际合作

2000 年以来，国内实施的以红树林为主要对象的国际合作项目超过 10 个。这些项目以引进国外的资金、技术和管理理念为主。此外，近年来，国内的一些非政府组织（如全球环境研究所、深圳市红树林湿地保护基金会等）也在尝试资助东南亚及非洲国家的红树林保护与可持续利用项目。在国内的国际合作项目中，影响比较大的有 3 个。

3.5.1　中荷合作雷州半岛红树林综合管理和沿海保护项目

中荷合作雷州半岛红树林综合管理和沿海保护项目是迄今为止我国最大的以红树林为主体的境外赠款项目。该项目于 2001 年 2 月启动，2006 年 10 月结项，历时 5 年 8 个月。项目总预算 413.5 万欧元，其中荷兰政府赠款 248.7 万欧元（60%），中方配套资金 164.8 万欧元（40%）。中方配套资金由广东省人民政府和湛江市人民政府共同投入。

3.5.1.1　目标与策略

该项目旨在保护、拓展和合理利用红树林湿地资源，提高红树林生态功能，以减轻台风海潮等自然灾害的影响，改善红树林周边地区社会经济状况，促进项目区社会经济可持续发展。具体目标：

（1）提升社区民众环境意识和对红树林重要性的认识。

（2）提高红树林管理机构和人员的能力和管理水平。

（3）恢复红树林。

（4）建立有效的社区共管模式，推动各利益相关者合作，共同参与红树林保护。

为实现上述目标，项目采取以下策略：

（1）通过开展红树林资源调查和监测，为决策提供科学依据。

（2）通过技术咨询、人员培训、完善保护区基础设施，提高红树林资源管理者的能力。

（3）通过人工造林、人工辅助与天然更新相结合，恢复和拓展红树林资源。

（4）通过红树林周边社区共管试点，探索和建立红树林资源可持续管理模式。

（5）通过建立红树林环境教育示范基地和开展环境教育，提升公众环境保护意识。

该项目共设计了六方面内容和任务。具体包括：

（1）资源调查：以红树林植物、鸟类、鱼类、贝类为主要对象的红树林区生物资源调查与监测。

（2）能力建设：以基础设施建设和提升管理技术为重点的红树林保护区能力建设，包括管理局（站）建设、配备管护设备、保护区边界勘测划定及界碑界桩设立、专家咨询服务等。

（3）对外交流：以红树林保护与修复为主题的相关技术交流，包括境内外培训与考察。

（4）人工造林：以人工造林为主要手段的红树林资源培育与恢复。

（5）社区共管：以试点村庄为基地的红树林周边社区共管活动，包括建立共管试点和共管机构。

（6）科普宣教：以试点学校为基地和突破口，探索红树林环境教育模式，开展全方位、多形式的环境教育活动等。

3.5.1.2 主要成果

项目顺利结束并通过专家组验收。专家组对项目取得的成效给予了高度评价，"项目的成功实施为中国的红树林保护和管理，以及应对世界湿地问题的解决提供了经验和示范""该项目的实施使保护区的建设和管理已进入国内一流水平""项目综合成果达到国内领先水平"。具体如下：

（1）查清了雷州半岛红树林资源现状，建立了保护区基本数据库。资源调查内容包括红树植物种类与面积、鸟类、鱼类和贝类资源等。

（2）完善了广东湛江红树林国家级自然保护区基础设施建设，全面提高了保护区管理能力。其中，新建 1 座保护区办公大楼、2 个野外管理站，完成保护区边界勘定与确权，完善了管护设备，建立了保护区网站，并推动了保护区加入《拉姆萨尔公约》国际重要湿地等。

（3）编制完成广东湛江红树林国家级自然保护区系列重要文件，包括保护区总体规划、管理计划、生态旅游策略与行动计划、生物资源监测计划等。

（4）举办系列交流会议共计 36 期（次），参加人员 12 700 多人次。其中，国外培训 6 期 28 人次，国外考察 7 批 46 人次；举办国内研讨会 7 期 149 人次，培训班 9 期 528 人次，技术讲座 7 期 12 000 多人次，大幅度提高了管理人员的技能。

（5）改造或新建红树林苗圃 2 个，为红树林有效修复提供充足苗圃。苗圃年产能力达 50 万株以上。

（6）制订和实施《中荷合作红树林造林技术规程》，新建人工造林点 147 个，造林作业达 1 219 hm²，验收合格实际面积（当年成活率达 85% 以上）1 003 hm²。雷州半岛红树林面积增加明显。

（7）建立红树林周边社区共管试点，并成立红树林社区共管委员会及章程制订。开展社区共管技术培训、社区宣传以及社区共管计划编制与实施，为其他红树林地区开展相关活动提供范例。

（8）通过建立试点学校、宣教中心等，极大地提高了公众环境保护意识。其中与教育、林业部门联合命名 12 所"湛江市红树林环境教育试点学校"，并建立了一座规模大、标准高、功能全的红树林宣教中心。此外，还通过设计制作多样的环境教育资料包及相关活动，加深公众对保护红树林重要性的认知。

3.5.1.3 经验教训

作为我国第一个大型红树林国际合作项目，在中荷双方共同努力下，积累了很多值得借鉴的经验，但也有一些不足之处。

（1）培养了一支队伍。项目结束后项目办大部分人员成建制地归入广东湛江红树林国家级自然保护区管理局。经过项目办近 5 年的锻炼，这些人在红树林保护和管理能力、保护意识、对外交流能力方面得到全面提升，成为我国红树林保护区软实力最强的一支队伍。

（2）营造了一种红树林保护的社会氛围。项目执行期间，通过大量的培训、宣传、考察等，在湛江乃至广东营造了一种红树林保护的良好社会氛围，直接结果是湛江市乃至广东省的红树林保护氛围远远优于国内其他省区，仅次于深圳。尤其是在湛江市，政府诸多官员因参加项目办举办的各种活动而更加深刻地认识到红树林的重要性。

（3）社区共管工作。项目设计之初就把社区共管纳入计划，取得了很好的效果。国内以红树林为主要保护对象的 14 个省级以上自然保护区（国家级 6 个、省级 8 个），除广东湛江红树林国家级自然保护区管理局设置了可持续管理科负责社区共管外，都没有把社区共管纳入日常工作。

（4）缺乏一个强有力的科研支撑团队。无论是中方还是荷方，都没有吸引强有力的红树林研究专业队伍。没有针对红树林湿地的特殊性采取一些区别于陆地森林类型自然保护区的管理理念，仅是利用外来物种进行了大规模的滩涂造林。监测水平、宣教水平等仍处于较初级阶段。

3.5.2　UNEP/GEF"扭转南中国海及泰国湾环境退化趋势"项目

联合国环境规划署（UNEP）/全球环境基金（GEF）"扭转南中国海及泰国湾环境退化趋势"项目（以下简称南中国海项目）是由南中国海周边七国（中国、越南、柬埔寨、泰国、马来西亚、印度尼西亚、菲律宾）共同发起的海洋环境保护大型区域合作项目。项目由 UNEP 组织实施，GEF 提供资助。2002 年开始执行，2008 年结束。

7 个参加国的代表组成了项目指导委员会，UNEP 作为项目执行秘书处，以区域科技委员会以及区域专题工作组为技术依托，同时还设立了专门的项目协调办公室。国家层面上建立了部际委员会，负责审查、批准与协调各行动计划。我国部际委员会由原国家环保总局牵头，外交部、原国家计划委员会、财政部等 10 部委局组成。国内优选专家组成的国家技术工作组负责提供技术支持。项目技术负责与专题承担单位有国家环保总局华南环境科学研究所（陆源污染）、中国科学院南海海洋研究所（海草）、广西红树林研究中心（红树林）、中山大学（滨海湿地）。

3.5.2.1 目标与策略

项目目标为通过推动区域协作，解决南中国海环境问题，同时加强项目各参加国将环境因素纳入国家发展计划中的能力，推动南中国海地区的社会、经济与环境可持续协调发展。目标周期为 5 年，其中期目标是在政府间层面上，制定目标明确、费用合理、可操作性强的长远策略行动计划并达成一致，解决南中国海海洋与海岸带环境优先问题与关切。

项目涉及红树林、珊瑚礁、海草、湿地、渔业资源与陆源污染控制六大领域。通过项目执行，在进一步摸清南中国海现有生态环境资源及其破坏程度与海洋环境污染的基础上，深入分析海洋环境污染与破坏的原因，制订一系列海洋与海岸带环境与生态保护行动计划。

项目前两年为调查研究，建立国家数据库，起草、修订并制定国家行动计划和推荐示范区。项目后三年为建设示范区，完善海洋生态环境管理机制、管理制度与管理办法。

3.5.2.2 主要成果

（1）完成了《中国红树林国家报告》《中国红树林国家行动计划》，建立了中国红树林 GIS 数据库。在自然资源条件明显落后的情况下，成功将广西防城港推荐为 GEF 红树林示范区。

（2）建立了以地方政府为平台的多利益相关方决策与管理机制，参与方包括政府相关部门、私营部门等。

（3）保护区能力得到有效提升。完成了《北仑河口国家级自然保护区总体规划》，并促使《北仑河口国家级自然保护区管理办法》进入广西壮族自治区人民代表大会常委会的修改议程。此外，完成了北仑河口国家级自然保护区石角站大楼建设，并规划和建设了"红树林教育中心"。

（4）开展了系列科普宣教活动。通过举办高级研讨、知识讲座、非政府组织（NGOs）经验交流会议、保护恢复监测培训和开展社区营造红树林等活动，极大地提高了红树林的影响力，累计参加人数在 3 000 人次以上。

（5）大大提高了地方政府对红树林的重视。地方政府在红树林保护与修复方面的财政资金可持续性得到前所未有的加强。

3.5.3　GEF 海南湿地保护体系项目

GEF 海南湿地保护体系项目由全球环境基金（GEF）资助，联合国开发计划署（UNDP）支持，海南省林业局具体执行，资金总额（含实物）1 990 万美元，其中 GEF 资助 260 万美元，中方配套 1 730 万美元（含现金及实物）。项目期 5 年，2013 年 11 月启动，2018 年 12 月结项。

3.5.3.1　目标与策略

项目目标为增强海南湿地保护体系管理效能，确保其丰富且独特的生物多样性资源得到有效保护，以应对全球重要生物多样性和关键生态系统所面临的和正在出现的威胁。

项目针对海南省湿地保护面临的 3 个主要屏障——管理制度不够健全、保护地管理效能低下、保护地外部威胁较大，设计了 3 个模块，分别关注省级相关主管部门的制度建立、保护地所在地管理以及跨部门合作，并制定了以下具体策略：

（1）通过扩大全省保护地面积、拓宽保护体系融资渠道、制定沿海湿地保护体系管理制度和省级指导方针、提升保护体系监管能力等，让全省保护体系得以扩张、巩固和加强，解决全省保护体系在空间分布及管理制度上的缺陷。

（2）通过建立保护地联盟，提升保护地人员能力，强化保护地在生态监测、科学研究、红树林修复、管理规划、社区共管、宣传教育等方面的机构能力，提升保护地的管理效能，以应对保护地作为一个整体和不同保护地个体所面临的问题和挑战。

（3）通过加强跨部门协作、在不同部门主流化湿地保护、健全行业标准和保障措施、全面提升对红树林湿地生态系统服务功能经济价值的认知以及建立数据库等方式，解决保护地面临的外部威胁，最终形成一个强化的保护体系和跨部门管理框架。

3.5.3.2　主要成果

"该项目非常成功，到目前为止已经高效实现，并在许多情况下，超过了项目成果框架中的评估指标。"——项目独立评估专家给予了项目高度评价。项目主要成果如下：

（1）搭建平台，促成合力。

湿地管理涉及面广，唯有推动跨部门、跨领域的合作才能达到有效保护。因此，项目为整合各方力量，促成保护合力，努力搭建沟通与合作的平台。例如，对接科研机构和专家为主管部门决策、保护地管理、企业保护行动提供直接技术支持；推动保护地成立联盟，强化相互学习交流，共同提升管理效能；吸引调动社会组织关注和参与湿地保护；支持湿地保护与旅游、渔业、人力资源管理等跨领域的合作。

（2）支持和推动湿地法律框架的完善。

项目见证了我国湿地保护从呼吁保护到保护强化的转折。项目前期致力于推动湿地保护的主流化，后期则进而支持湿地保护法律框架的完善。在执行期间，项目参与并推动了《海南省湿地保护条例》《海南省湿地保护修复制度实施方案》《海南省重要湿地和一般湿地认定》等重要文件和标准的发布，为健全海南湿地保护制度打下了坚实基础。

（3）引入先进理念，编制指南和规范。

项目充分发挥国际项目的宽阔视野，成立湿地保护专家咨询组，并与国内外知名专家建立合作，引进先进的理念和模式，为海南湿地保护寻找科学对策，提供技术支持和科学服务，向包括地方政府、保护地、企业等在内的不同群体提供湿地保护指南。项目针对修复、生态监测、滨海湿地管理、可持续渔业、社区主导生态旅游等内容，与科研院校、专业机构开展合作，编制了相应的技术指南、导则和操作规范。

（4）推动科研合作，强化科学支撑。

项目注重支持科研机构与保护地合作开展应用型科研项目，为保护地管理提供科学支撑。项目实施期间针对红树林团水虱防治、濒危红树植物繁育、西海岸红树林动植物调查、外来红树植物入侵性评估、海鸭养殖模式等保护地面临的直接管理问题开展研究。研究成果加深了保护地对湿地资源的认知，为加强海南红树林湿地的保护提供了直接支持。

（5）突破管理"瓶颈"，探索新模式。

保护地管理存在许多共性的"瓶颈"，如保护与社区发展的平衡、人员工作能动性不强、保护地监测不足等。为打破这些管理"瓶颈"，项目尝试与不同机构及专家合作，在项目实施期间探索实践了一些新的做法和模式。例如，制定了《海南省自然保护区工作人员能力标准》，在保护地试行人力资源管理新模式；在湿地公园示范以社区为主导的生态旅游模式，并通过实践总结出《海南省保护地社区生态旅游操作指引》；在保护地推行生态健康指数监测，将监测日常化等。这些探索为提升保护地的管理建立了新的着力点。

（6）差别化宣传策略，效果显著。

项目在初期编制了传播与宣传方案，针对政府、企业、保护地、社区和一般公众设计了形式多样的宣传活动。随着项目的推进，不断探索更有效的宣教模式，建立了完整的宣教系统，活动形式不断有突破。例如，在政府层面，开展项目科研成果汇报会、重大成果媒体推介会、跨部门座谈会、湿地修复专题讲座等，让湿地保护新理念潜移默化地影响政府决策。项目还从终端媒体着手，通过世界湿地日、观鸟节、爱鸟周等活动集中宣传报道。五年来 30 家媒体累计直接报道项目活动近 400 篇。特别是连续多年举办的"湿地保护媒体沙龙"及"海南媒体湿地保护环岛考察"活动，无论从宣传力度、广度还是深度，都比以前有了根本性的提高，在全省形成了浓厚的宣传氛围。

（7）培养了一批保护地技术骨干。

项目重视挖掘和培养保护地的一线人员，尤其是护林员队伍。项目通过开展培训、外出交流学习、参与科学研究和调查等方式，培养了一批一线工作人员，有些人已经成长为海南鸟类和红树林调查的重要技术力量。这些骨干在监测工作中发现黑脸琵鹭、勺嘴鹬、黄嘴白鹭等濒危鸟类也成了项目的亮点，进一步提升了监测人员工作的积极性。

3.5.3.3 存在的问题

（1）对决策层的影响力有限。

随着我国国力的大幅提升，在我国的国际资助项目数量已明显减少。国际资助项目的支持也从修建基础设施、买设备等硬件投入，转化为政策推动、能力建设等软性支持。在一定程度上，打击了地方政府引入国际资助项目的积极性。对于海南湿地保护体系项目而言，由于项目的国际资金投入不高，且不少人对于国际项目发挥的实际作用存有疑虑，项目未受到足够重视。尤其在项目初期，湿地保护尚未成为政府重要议题期间，项目推进较为艰难。同时，由于缺乏有效手段与工作意愿，一些红树林保护、恢复和管理的新理论、新技术与新方法无法向决策层传达。

（2）项目内容过多。

项目内容的设计涉及海南湿地保护面临的几乎所有问题，导致项目涉及面过广。当各项活动都启动后，项目执行团队的精力和时间有限，从而直接影响了项目成效。项目共有 14 个产出，10 个示范保护地，但由于实际资金量有限，对单个保护地或单项产出的支持都极为有限，造成项目对于相关主管部门、保护地的吸引力不够，项目活动推进受到一定程度的影响。

（3）没有具体的自然保护区作为主要项目执行单位。

项目设计之初以海南东寨港国家级自然保护区管理局作为主要执行单位，但后期由于种种原因没有落实，整个项目的执行由项目办具体实施。项目结束后项目办解散，导致人才流失，而本应该得到锻炼的海南东寨港国家级自然保护区管理局人员失去了很好的锻炼提高机会。

（4）缺少国际学习交流。

发挥窗口作用是国际资助项目的一个重要优势。在项目中，除将国际专家"请进来"外，"走出去"的短期国际交流学习能让参与者直接体验和学习国际上的先进理念和做法，往往能产生很大的触动。但在海南项目的活动设计中未包含国际学习交流活动，失去了影响决策层的一个绝佳机会。

3.5.3.4　建议

虽然我国红树林面积仅占全球的 2‰，但我国的红树林研究居世界前列。2013年印度学者统计了 2001—2012 年的有关红树林的学术论文，结果表明，全世界发表红树林学术论文最多的 5 个单位有 4 个在中国，中国科学院、香港城市大学和厦门大学位列前三，中山大学列第五。2015 年，在厦门大学召开的世界自然保护联盟（IUCN）红树林特别小组第三次会议上，众多参会的代表提出中国应当在全球红树林研究、保护和管理中起到领导者的作用。这种观点尤其得到了与会的"一带一路"沿线国家的响应。中国的红树林保护、管理与利用经验，正是"一带一路"沿线国家迫切需要的。特别需要强调的是，"一带一路"沿线如东南亚、中东和非洲的一些国家，是全球红树林的分布中心。因此，以红树林为载体，发挥中国在世界红树林研究、保护和管理中的示范作用，为"一带一路"国家红树林保护、修复和利用提供中国方案具有重要意义。

参考文献

蔡俊欣，2008. 浅析中荷合作雷州半岛红树林项目的管理与成效[J]. 热带林业，36（1）：12-15.

陈彬，俞炜炜，陈光程，等. 2019. 滨海湿地生态修复若干问题探讨[J]. 应用海洋学学报，38（4）：465-473.

崔保山，谢湉，王青，等. 2017. 大规模围填海对滨海湿地的影响与对策[J]. 中国科学院院刊，32（4）：418-425.

国家林业局野生动植物保护司，2002. 自然保护区社区共管[M]. 北京：中国林业出版社.

韩维栋，黄剑坚，李锡冲，2012. 雷州半岛红树林湿地的生态价值评估[J]. 泉州师范学院学报，30（4）：62-66.

韩晓东，孔维尧，徐克，等. 2017. 基于 METT 技术的吉林省自然保护区管理有效性评价研究[J]. 吉林林业科技，46（4）：22-33，39.

刘文敬，白洁，马静，等. 2011. 中国自然保护区管理能力现状调查与分析[J]. 北京林业大学学报，33（增刊）：49-53.

卢元平，徐卫华，张志明，等. 2019. 中国红树林生态系统保护空缺分析[J]. 生态学报，39（2）：684-691.

唐以杰，方展强，钟燕婷，等. 2012. 不同生态恢复阶段无瓣海桑人工林湿地中大型底栖动物群落的比较[J]. 生态学报，32（10）：3160-3169.

王瑁，王文卿，林贵生，等. 2019. 三亚红树林[M]. 北京：科学出版社.

王文卿，王瑁，2007. 中国红树林[M]. 北京：科学出版社.

徐彩瑶，濮励杰，朱明，2018. 沿海滩涂围垦对生态环境的影响研究进展[J]. 生态学报，38（3）：1148-1162.

Borja Á，Dauer D M，Elliott M，et al.，2010. Medium-and long-term recovery of estuarine and coastal ecosystems：patterns，rates and restoration effectiveness[J]. Estuaries and Coasts，33（6）：1249-1260.

Bosire J O，Dahdouh-Guebas F，Walton M，et al.，2008. Functionality of restored mangroves：A review[J]. Aquatic Botany，89（2）：251-259.

Chazdon R L，2008. Beyond deforestation：Restoring forests and ecosystem services on degraded lands[J]. Science，320（5882）：1458-1460.

Datta D，Deb S，2017. Forest structure and soil properties of mangrove ecosystems under different management scenarios：Experiences from the intensely humanized landscape of Indian Sunderbans[J]. Ocean & Coastal Management，140（5）：22-33.

Duncan C，Primavera J H，Pettorelli N，et al.，2016. Rehabilitating mangrove ecosystem services：A case study on the relative benefits of abandoned pond reversion from Panay Island，Philippines[J]. Marine Pollution Bulletin，109（2）：772-782.

Friess D A，Thompson B S，Brown B，et al.，2016. Policy challenges and approaches for the conservation of mangrove forests in Southeast Asia[J]. Conservation Biology，30（5）：933-949.

Jagtap T G，Nagle V L，2007. Response and adaptability of mangrove habitats from the Indian subcontinent to changing climate[J]. AMBIO：A Journal of the Human Environment，36（4）：328-334.

Jellinek S，Wilson K A，Hagger V，et al.，2019. Integrating diverse social and ecological motivations to achieve landscape restoration[J]. Journal of Applied Ecology，56（1）：246-252.

Kaly U L，Jones G P，1998. Mangrove restoration：A potential tool for coastal management in tropical developing countries[J]. Ambio，27（8）：656-661.

Katon B M，Pomeroy R S，Garces L R，et al.，2000. Rehabilitating the mangrove resources of Cogtong Bay，Philippines：a comanagement perspective[J]. Coastal Management，28（1）：29-37.

Lipsky R S，Ryan C M，2011. Nearshore restoration in Puget sound：understanding stakeholder values and potential coalitions[J]. Coastal Management，39（6）：577-597.

Polidoro B A，Carpenter K E，Collins L，et al.，2010. The loss of species：Mangrove extinction risk and geographic areas of global concern[J]. PloS One，5（4）：e10095.

Primavera J H，Esteban J M A，2008. A review of mangrove rehabilitation in the Philippines：successes，failures and future prospects[J]. Wetlands Ecology and Management，16（5）：345-358.

Primavera J H，Rollon R N，Samson M S，2011. The pressing challenges of mangrove rehabilitation：pond reversion and coastal protection[J]. Treatise on Estuarine Coastal Science. 33（1）：217-244.

Rahmania R，Proisy C，Viennois G，et al.，2015. 13 Years of changes in the extent and physiognomy of mangroves after shrimp farming abandonment，Bali[C]. 8th International Workshop on the Analysis of Multitemporal Remote Sensing Images（Multi-Temp）. Annecy，France. 21-24.

Rönnbäck P，Crona B，Ingwall L，2007. The return of ecosystem goods and services in replanted mangrove forests：perspectives from local communities in Kenya[J]. Environmental Conservation，34（4）：313-324.

Samson M S，Rollon R N，2008. Growth performance of mangroves at the enhancement sites：need to revisit forest management strategies[J]. Ambio，37（4）：234-240.

Wang W，Fu H，Lee S Y，et al.，2020. Can strict protection stop the decline of mangrove ecosystems in China？ From rapid destruction to rampant degradation[J]. Forests，11（1）：55.

Zaldívar-Jiménez A，Ladrón-de-Guevara-Porras P，Pérez-Ceballos R，et al.，2017. US-Mexico joint Gulf of Mexico large marine ecosystem based assessment and management：Experience in community involvement and mangrove wetland restoration in Términos lagoon，Mexico[J]. Environmental Development，22：206-213.

第 4 章

中国红树林修复

2000 年以来，通过对现有红树林的严格保护和大规模的人工造林，中国红树林的面积稳步增加。但在全球气候变化和人类活动的双重影响下，中国红树林生态系统的结构和功能局部退化明显，亟须修复。本章根据我国红树林退化现状，从修复目标、修复对象选择、修复模式等方面进行论述，尤其是对我国正在实施的退塘还林/湿进行重点论述，以期为我国红树林修复提供依据。

4.1 修复目标

除红树林面积减少和林分质量下降外，红树林退化还表现在生物多样性下降、固碳能力下降、防浪护堤能力下降等多个方面。就红树林而言，提高红树林的植被覆盖水平是红树林生态修复的主要目标之一，也是红树林修复的重要内容，但不是唯一内容（陈彬等，2019；Barnuevo et al.，2017）。目前，大部分红树林生态修复工程将植被修复作为唯一目标，很少关注生态系统功能的修复（王丽荣等，2018；范航清和王文卿，2017；彭逸生等，2008；Lewis，2005）。过度强调单一目标的修复（如植被修复），难以确保在生态系统的层面实现生态功能的修复与再现，限制了生态修复的实际效果（崔保山等，2017）。滩涂造林还存在生物量低、密度低、固碳能力低等问题（Duncan et al.，2016）。即使部分苗木能够成活，但因处于其生理极限，从而对全球变化极为敏感（Tomlinson，2016）。因此，在修复目标设置及修复效果评估时，应该采取面向生态系统功能的修复模式，从关键生态组分、关键环境因子以及关键生态过程的生态系统服务角度，构建多目标修复模式，确保生态系统的完整性。国际生态恢复学会（SER）还强调了修复后的生态系统的完整性和对外界干扰的抵抗能力，尤其是对自然灾害的抵御能力（SER，2004）。

近年来，修复后生态系统的稳定性和抵御自然灾害的能力越来越受到重视（Nolan et al.，2018）。与此相对应，生态修复目标由单纯的景观、植被或单个物种修复转向生态系统结构和功能的综合修复（Christianen et al.，2017；Thompson et al.，2012；Naiman et al.，2012），生态修复的监测与评估也从生态系统的结构向过程和功能拓展（陈彬等，2019；Ruiz-Jaén & Aide，2005）。除红树植物外，环境因子、底栖动物和鱼类多样性、经济动物如青蟹数量等被纳入修复目标（Primavera et al.，2011；Lewis & Gilmore，2007）。鉴于此，范航清和王文卿（2017）提出了我国红树林修复的一般性原则：红树林修复应该将单纯的植被修复提高到红树林湿地生态系统整体功能修复的高度，把动物多样性、防灾减灾能力及固碳功能等纳入修复目标。

4.2　修复对象选择

崔保山等（2017）认为我国针对围填海的海洋生态修复存在单一位置、单一组分以及单一生态系统类型的孤立"点状"修复的现象。这种现象在红树林修复中表现得尤为突出。纵观我国现有的红树林修复工程，在修复地点选择、修复面积、修复措施、树种选择等方面缺乏严密的科学论证，一些迫切需要修复的地点因各种原因没有及时修复，而一些地点因领导重视或公众关注而存在过度修复的现象。有些资金比较雄厚的地点，如福建厦门、海南东寨港、广东深圳等地虽缺乏宜林滩涂，但为了扩大红树林面积，仍不惜代价人为填土以抬高滩涂高程，进而实施造林。而一些造林工程在树种选择方面忽略了红树植物繁殖体随水长距离传播的事实，使用外来种造林时没有考虑对邻近区域的影响。2014 年福建漳江口红树林国家级自然保护区内首次发现自然扩散的无瓣海桑（黄冠闽，2018）（图 4-1）。此后，保护区管理局开展了多批次的清理，但始终无法彻底清除，主要原因是邻近海区的红树林造林项目采用的造林树种为无瓣海桑。这种孤立的、分散的修复策略，难以从根本上解决我国的红树林退化问题，且存在很大的资金浪费。因此，当前我国迫切需要构建生态系统网络，在综合评估的基础上，从区域尺度确定优先修复的对象（崔保山等，2017）。

图 4-1　福建漳江口红树林国家级自然保护区无瓣海桑扩散情况（图片来源：王文卿）

2015 年 5 月发布的《中共中央　国务院关于加快推进生态文明建设的意见》明确要求建立陆海统筹、区域联动的海洋生态环境保护修复机制。因此，从区域角度科学确定优先修复地点及修复目标的需求极为迫切。国家、各省区乃至各县区都要根据实际情况，科学确定红树林优先修复地点及修复目标。

2017 年，在国家重点研发计划项目课题"海岸带关键脆弱区生态修复与服务功能提升技术集成与示范"（2016YFC0502904）的资助下，厦门大学李杨帆等利用海陆连接带"多物种-多生境-多尺度"生态空间规划技术，对福建闽南地区（厦门、漳州和泉州）的现有红树林进行了综合评估，并提出了优先对泉州湾红树林进行修复的建议。研究结果表明，闽三角红树林整体上以中低脆弱性为主，高脆弱区域集中于泉州湾，其主要原因是围填海和城市化。

表 4-1　海南退塘还林/湿概况（王文卿等，2019）

地点	面积/hm²	优先等级	备注
海口东寨港	150	1	国家级自然保护区范围内，已经完成
海口东寨港	800	2	保护区外围，拟建湿地公园
文昌清澜港	700	1	省级保护区范围内，其中核心区面积 275 hm²
儋州新英湾	1 400	3	市（县）级自然保护区范围内
儋州新盈湾	90	1	国家级湿地公园内
澄迈花场湾	800	3	市（县）级自然保护区范围内
陵水新村港	200	2	
三亚	100	1	铁炉港、榆林河和宁远河口
琼海博鳌沙美内海	100	2	
临高马袅湾	70	3	
东方昌化江口	600	3	
文昌会文	900	2	省级自然保护区范围内

注：优先等级"1"为最高，"2"次之，"3"最低。

王文卿等（2019）在对海南岛红树林分布、珍稀濒危树种生存现状、生物多样性、苗圃、红树林造林、保护区管理等充分调研的基础上，本着生态优先和保护优先的原则，提出了海南岛红树林保护、修复和管理利用的系列建议。包括：退塘还林/湿是海南岛增加红树林面积的主要手段，滩涂造林要谨慎实施，海南岛可实施退塘还林/湿的总面积为 5 910 hm²，占海南岛海水养殖鱼塘面积的 46.5%。同时，对各地实施退塘还林/湿的地点、面积及优先顺序进行了总体安排（表4-1）。此外，针对沿海12个市、县，该建议详细描述了各地红树林修复、保护与管理中存在的问题，并就红树林保护、修复地点、修复面积、修复方式、珍稀濒危物种保护等提出了针对性的建议，以达到精准修复的目标。

建议根据社会经济发展状况、红树林退化情况，在国家、省区或区域层面设定红树林修复目标，确定优先修复对象。

4.3　修复模式

4.3.1　各种红树林修复模式

根据生态系统的退化程度及其修复方式，生态修复可分为自然恢复、人工促进修复和生态重建3种模式（陈彬等，2019）。

红树林的自然恢复是利用红树植物繁殖体可以随水流长距离传播的特点，在废弃鱼塘或滩涂定居进而发育成红树林的过程。废弃鱼塘的自然恢复需要人工打开鱼塘缺口，恢复水文连通性后，红树植物的繁殖体自然漂入鱼塘定植，进而发育成红树林。一些原先没有红树林的滩涂，因淤积速度较快而具备了红树林发育的基本条件，红树植物繁殖体进入从而发展成红树林的过程也属于自然恢复（李春干和周梅，2017）。

人工促进修复是在打开缺口的鱼塘或历史上有红树林分布的滩涂种植红树植物苗木（胚轴、种子、果实、野外收集的实生苗或苗圃培育的苗）。人工促进修复一般不采取人为抬高滩涂高程等措施。而对于一些林分质量较差（低矮、郁闭度低、树种组成简单）的退化红树林，采取人工抚育或补苗的措施进行修复的过程，也属于人工促进修复。

生态重建则是在原先没有红树林分布的低潮带滩涂通过人工抬高滩涂创造红树林生长的基本条件，再人工种植红树植物苗木的过程，通常所说的滩涂造林就属于生态重建。将鱼塘填平后再种上整齐的红树林的过程也属于生态重建。

目前，我国的退塘还林/湿模式有3种：

（1）人工退塘还林/湿模式。

挖掘机破堤，将整个鱼塘用大型机械填平，地表高程控制在涨潮能淹没、退潮能露出的程度，然后直接插胚轴或种植事先培育的袋苗（符小干，2010）。严格来说，这属于生态重建。

（2）半人工退塘还林/湿模式。

挖掘机破堤后不平整滩涂，直接在破堤后的鱼塘内种植红树植物胚轴或事先培育的袋苗。从海南东寨港的实践来看，这种模式在树种配置上往往没有根据滩涂高程的不同配置不同的树种，仅仅按照规定的间距种植同一种红树植物。

（3）自然退塘还林/湿模式。

挖掘机破堤后不平整滩涂，也不人工种植红树林苗木，而是利用红树植物繁殖体随水传播的特性让苗木进入鱼塘并自然定植。

3 种模式的示意图见图 4-2。

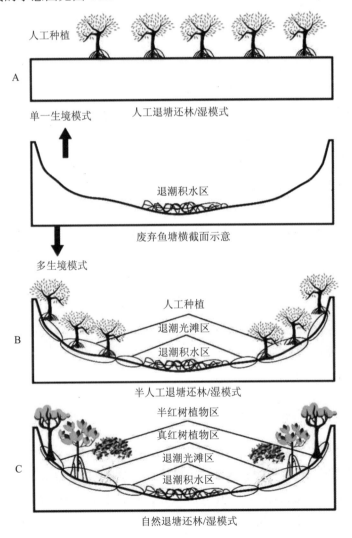

图 4-2　海南东寨港 3 种退塘还林/湿模式示意（图片来源：王文卿）

4.3.2　滩涂造林是目前红树林修复的主要模式

滩涂造林和退塘还林/湿是增加红树林面积的主要途径，也是红树林修复的主要方式（Primavera et al.，2014）。滩涂造林因操作简单、投资大、成效易见、造林成功后社会影响大而得到了地方政府的青睐。中国在滩涂造林方面不仅基础研究扎实，也有非常丰富的造林经验，并且建立了一套相对完整的滩涂造林技术标准体系。滩涂造林的理论基础和技术储备都达到了较高水平，一些关键技术问题（如红树植物耐水淹机理、宜林临界线确定、树种配置、困难立地造林技术等）都已经有了很大的突破（范航清和王文卿，2017；王友绍，2013；仇建标等，2010；He et al.，2007）。中国林业科学研究院热带林业研究所郑德璋等早在 1999 年出版的《红树林主要树种造林与经营技术研究》一书中就很好地总结了我国在红树林人工造林方面的研究进展。以上这些研究为中国红树林修复奠定了基础。我国红树林面积从 2000 年的 2.2 万 hm² 增加到 2019 年的近 3.0 万 hm²，滩涂造林功不可没。滩涂造林是增加红树林面积的主要方式，也是目前主要的红树林修复模式（范航清和莫竹承，2018；Primavera et al.，2014；Lewis，2005）。

虽然滩涂造林受到了较多的批评，但当前，由于退塘还林/湿存在土地所有权冲突和技术障碍，实际操作起来比较困难，因此东南亚诸多国家层面的红树林修复计划仍优先考虑滩涂造林（Duncan et al.，2016；Primavera & Esteban，2008）。菲律宾热衷于滩涂造林的主要原因是滩涂是开放的公共土地，没有土地使用权属的问题（Primavera et al.，2014）。我国情况也是如此。原国家林业局 2017 年制定的《全国沿海防护林体系建设工程规划（2016—2025）》提出，在 2025 年前新增红树林面积 48 650 hm²，其中滩涂造林面积占 92.2%。2000—2019 年，我国红树林面积增加了约 8 000 hm²，除少面积的自然扩张、废弃鱼塘自然恢复、退塘还林/湿外，90% 以上为生态重建——滩涂造林。

4.3.3　滩涂造林成效低

相对于海草床和珊瑚礁，红树林和盐沼修复的成功率还是比较高的。但是，国内外的大量实践表明，红树林修复成功率仍然普遍不理想（Dale et al.，2014；Hashim et al.，2010；Primavera & Esteban，2008；Lewis，2005；Kairo et al.，2001）。1989—1995 年，印度西孟加拉邦造林 9 050 hm²，但实际成林只有 138 hm²（Sanyal，1998）。菲律宾曾经借助一个 3 500 万美元的世界银行贷款项目，在 1984—1992 年完成了面积 1 000 hm² 的红树林造林工程，但在 1995—1996 年调查时，发现只有 18.4% 的苗木成活（de Leon & White，1999）。菲律宾的另外一个亚洲开发银行和日本海外经济合作基金贷款资金达 1.5 亿美元、总面积 30 000 hm² 的造林项目，同样因成活率低而被取消大部分造林任务（Ablaza-Baluyut，1995）。菲律宾、泰国、印度尼西亚、印度等国都有大量红树林造林失败的例子（Lewis，2005）。

在我国，情况也类似。截至 2019 年，浙江省累计红树林造林面积 1 700 hm²，但目前浙江省红树林保存面积约为 380 hm²，郁闭成林的面积为 33.3 hm²（陈秋夏等，2019）。广东省 1980—2001 年累计红树林造林面积达 3 800 hm²，保存面积仅298.1 hm²（林中大和刘惠民，2003）。广西红树林造林保存率从 2002—2007 年的 37.1%下降到 2008—2015 年的 26.6%（范航清和莫竹承，2018）。红树林造林成活率/保存率低还影响了国家红树林造林目标的实现。根据 2000 年全国红树林调查的结果，2001 年国家林业局提出了 2001—2010 年全国红树林达到 6 万 hm² 的目标（国家林业局森林资源管理司，2002）。但时至 2019 年，全国红树林总面积仅比 2001 年增加了 8 000 hm²，仅完成预定目标的 13.3%。

资金投入不足、管理不善、台风破坏常被认为是红树林造林失败的主要原因（陈秋夏等，2019；林中大和刘惠民，2003）。Lewis（2005）总结了全世界各地红树林造林失败的主要原因后认为，将红树林湿地生态修复简单等同于种树，在原先没有红树林的滩涂上造林是红树林造林失败的主要原因。大量的造林实践和理论研究结果表明，因滩涂高程太低导致的淹水时间过长、淹水深度过深和淹水频率过高，是中国红树林造林失败的主要原因。在我国，藤壶危害是我国红树林滩涂造林失败的主要表现方式，而藤壶危害严重的主要原因就是滩涂高程太低（王文卿和王瑁，2007）。众多的实践和研究结果均表明，并不是退潮时裸露的滩涂都适合红树林造林。

事实上，我国南方适合直接造林的滩涂面积很小。王文卿等于 2016 年对海南全岛的红树林宜林滩涂进行了调研，发现适宜直接造林的滩涂总面积不超过 300 hm²（王文卿等，2016）。2014 年在广西北海召开的全国湿地保护工程实施规划的红树林专题编制会上，根据各省专家提供的数据汇总，全国符合海洋功能区划且适合直接造林的宜林滩涂总面积不超过 6 000 hm²（范航清和王文卿，2017）。我国采取了人工填土以创造适宜红树林生长的条件、使用容器苗甚至大苗、大规模使用适应性更强的外来种，取得了一定的成功。但是，随着外来种逐渐被禁用和原先只要稍微填土就可以满足红树植物生长需求的滩涂逐渐使用殆尽，滩涂造林向更困难的立地推进，造林成效不升反降（图 4-3 和图 4-4）。

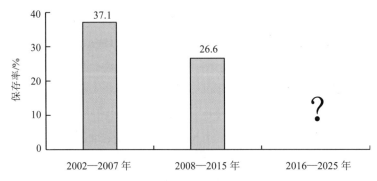

图 4-3 广西红树林人工造林保存率变化情况

数据来源：范航清和莫竹承（2018）。

图 4-4 滩涂造林向更困难的立地推进，造林就更困难（海南陵水新村港滩涂造林）

（图片来源：王文卿）

4.3.4 滩涂造林存在的问题

滩涂造林主要存在以下问题：

（1）造林成本高。人为抬高滩涂不仅需要填土，还要修建围堰以避免土壤被海水冲走，导致造林成本居高不下，最高可达每亩几十万元。

（2）造林树种单一。为节约成本，尽量减少土方量，只能有限地抬高滩涂高程，结果导致人工填出来的滩涂只适宜那些最耐淹水的少数先锋树种生长。

（3）技术难度大。人工抬高滩涂的造林方式属于特种造林，填多高、围堰怎么做、树种怎么配置，涉及许多海洋水文及复杂的植物生态问题。一般的林业设计单位和造林施工单位都无法完成，存在很大的技术风险。

（4）生态风险大。红树林、林外滩涂、浅水水域和潮沟是红树林湿地生态系统的基本地貌单元，各单元对于红树林湿地生态系统结构和功能的维持是不可或缺的。茂密的红树林不仅是水鸟栖息和筑巢的场所，退潮时裸露的林外滩涂也是水鸟觅食的主要场所。中低潮带滩涂底栖动物丰富，不仅是居民主要的收入来源，还是水鸟的主要觅食场所（Erftemeijer & Lewis，1999）。我国的红树林处于东亚—澳大利西亚水鸟迁徙路线上，是迁徙水鸟补充食物的重要场所（周放，2010）。将红树林外裸露的滩涂全部改造为红树林，即使能够成功，也侵占了水鸟的觅食地，等于是端了水鸟的"饭碗"（Primavera et al.，2011；Primavera & Esteban，2008；Samson & Rollon，2008）。

（5）外来种问题。自 2000 年以来，无瓣海桑和引种自墨西哥的拉关木因适应性强、生长速度快而成为我国红树林的主要造林树种。拉关木因适应性强、生长速度快、繁殖能力强而表现出典型的入侵种特点，引起了生态学家及公众对其生态入侵的担忧。放着乡土优良红树植物种类（如杯萼海桑、正红树、拟海桑）不用，大量使用有入侵嫌疑的外来种。

（6）除植物死亡率高之外，滩涂造林还存在生物量低、密度低、固碳能力低等问题（Duncan et al.，2016）。即使部分苗木能够成活，因处于其生理极限，从而对全球气候变化极为敏感（Tomlinson，2016）。滩涂造林形成的红树林因防御自然灾害的能力差而受到质疑。

菲律宾海洋科学协会分别于 2003 年、2005 年呼吁政府部门及 NGO 停止滩涂造林，尤其是在海草床种树（Primavera et al.，2011）。除极个别以海岸防护为目标的滩涂造林外，不应该再允许滩涂造林（Primavera et al.，2011）。2015 年 11 月，在厦门召开的 IUCN 红树林特别小组（MSG）第三次会议上，与会的国际专家对中国大规模滩涂造林的生态后果表示担忧。

4.4　退塘还林/湿是我国未来红树林修复的主要方式

对我国而言，退塘还林/湿将是红树林修复的主要方式。

4.4.1　围塘养殖是全球红树林被破坏的最主要原因

20 世纪 80 年代以来，在政府的鼓励下，东南亚国家对虾养殖业蓬勃发展，超过 120 万 hm² 的红树林被改造为鱼塘（Richards & Friess，2016）。1976—2002 年，湄公河地区的对虾养殖面积增长了 3 500%，导致越南 2/3 的红树林消失（周浩郎，2017）。遥感监测结果表明，全球 50% 以上的红树林面积下降是由围塘养殖造成的

（Kuenzer et al.，2011）。泰国 64%的红树林破坏是由于围塘养殖（Matsui et al.，2010）。围塘养殖是对红树林的最大威胁（Giesen et al.，2007）。

　　这种情况在我国表现得更突出。1964—2015 年，海南文昌八门湾红树林面积减少了 1 595.0 hm^2，其中转化成鱼塘的面积为 1 415.5 hm^2，占 88.7%（徐晓然等，2018）。1980—2000 年，广东红树林被占用总面积达 7 912.2 hm^2，其中 7 767.5 hm^2 用于修建鱼塘，占 98.2%（林中大和刘惠民，2003）。1980—2000 年，我国共消失了 12 923.7 hm^2 的红树林，其中 97.6%用于修建鱼塘（国家林业局森林资源管理司，2002）。2000 年以后，毁林养殖在我国基本被制止（王文卿和王瑁，2007）。

4.4.2　大量闲置鱼塘的存在为退塘还林/湿提供了机会

　　快速扩张的围塘养殖在取得巨大的经济效益的同时，也带来了隐患。1990 年以来，东南亚国家大面积的鱼塘因虾病爆发而闲置（Duncan et al.，2016；Thomas et al.，2010；Johnson et al.，2007）。根据印度尼西亚林业部门的统计，印度尼西亚 37%的海水鱼塘被闲置，2015 年闲置鱼塘总面积达 25 万 hm^2（Gusmawati et al.，2018；Proisy et al.，2018）。据报道，泰国、马来西亚、斯里兰卡等国的一些海湾或区域均有 60% 以上鱼塘闲置（Bournazel et al.，2015；Choo，1996）。因养殖规模太大且没有有效的养殖污染处理手段（Ren et al.，2019；Wu et al.，2014），我国南方海水鱼塘养殖陷入了"规模扩大—养殖污染加剧—环境恶化—病害频发—效益下降"的恶性循环，养殖成功率长期徘徊在 35%左右，30%的虾塘因为连续绝收而不得不闲置（范航清等，2017）（图 4-5）。

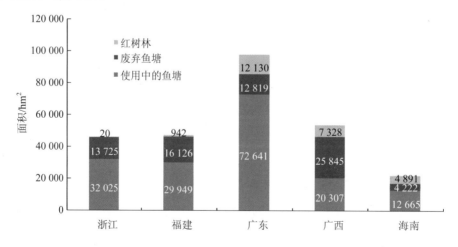

图 4-5　中国大陆红树林主要分布省（区）的红树林及其鱼塘面积

数据来源：范航清等（2017）。

4.4.3　保护地范围内的大面积鱼塘亟须退塘还林/湿

2017 年 4 月 13 日，中央第四环保督察组公布了广东湛江红树林国家级自然保护区问题的整改清单，要求对保护区红线范围内 4 800 多 hm^2 鱼塘实施退塘还林/湿。海南清澜红树林省级自然保护区核心区内有近 300 hm^2 的鱼塘。福建漳江口红树林国家级自然保护区内有 600 多 hm^2 鱼塘，70%的核心区被鱼塘占据（王文卿等，2019）。据不完全统计，全国红树林自然保护区和湿地公园内的鱼塘总面积近 10 000 hm^2。2014 年，海南东寨港国家级自然保护区管理局对保护区内 140 hm^2 鱼塘实施退塘还林/湿。以此为起点，我国南方各省区掀起了一股退塘还林/湿热潮。

4.4.4　退塘还林/湿应该成为我国未来红树林修复的主要方式

东南亚国家的研究结果表明，与滩涂造林相比，退塘还林/湿在修复红树林生态系统功能方面更具优势（Lee et al.，2019；Duncan et al.，2016）。著名红树林修复专家 Primavera 女士呼吁，退塘还林/湿应该成为东南亚国家红树林修复的主要方式（Primavera et al.，2014）。Proisy 等（2018）呼吁，闲置鱼塘的红树林修复应该成为印度尼西亚海岸带综合管理的优先内容。鉴于我国保护区红线范围内存在大面积鱼塘且大面积鱼塘闲置的现状，在滩涂造林日益困难的大背景下，退塘还林/湿也应该成为中国红树林修复的主要方式（范航清和王文卿，2017）。

4.4.5　退塘还林/湿存在的问题

但是，与强烈的退塘还林/湿国家需求、滩涂造林的大量理论研究及相对完整的标准体系相比，我国在有关退塘还林/湿基础理论、技术、标准和案例等方面，基本是一片空白。

东南亚的经验表明，退塘还林/湿面临复杂的法律、经济和技术难题，对科学家、决策者和政府的执政能力都构成了持续的挑战（Primavera et al.，2011）。尽管专家呼吁退塘还林/湿应当成为东南亚国家增加红树林面积的主要方式（Primavera et al.，2014），但迄今为止还没有一个国家将退塘还林/湿纳入国家层面的红树林修复目标，许多国家层面的红树林修复计划优先考虑的仍然是滩涂造林（Duncan et al.，2016；Primavera，& Esteban，2008；Walters，2000）。

除征收养殖塘所需的巨额补偿金和养殖户转岗就业问题外（范航清等，2017），我国退塘还林/湿还面临着技术问题。原国家林业局长江流域防护林体系建设管理办公室等单位起草的《红树林建设技术规程》（LY/T 1938—2011）规定："对于开挖鱼塘、虾池等养殖开发后留下的潮滩过低的地段，需要用泥土填平后方可种植"。海南海口东寨港、临高彩桥、临高新盈湾等地都有一定面积的退塘还林/湿。但是，由于缺乏理论和技术支持，再加上资金缺乏，退塘还林/湿的实施存在很大的随意性，效果差异很大。海南东寨港国家级自然保护区管理局于 1997 年在道学保护站和塔市保护站实施了一定规模的退塘还林/湿，主要方式是填平鱼塘人工种植乡土红树植物或外来树种无瓣海桑，但因资金缺乏，存在破堤后不填平鱼塘人工种植乡土红树植物、破堤后不填也不种树等多种修复方式。2014 年海南东寨港国家级自然保护区管理局对保护区红线范围内的 2 000 亩鱼塘进行退塘还林/湿，采取了填平鱼塘种树的模式，部分鱼塘因高程太低出现红树植物死亡的情况。而海南陵水甚至出现了填塘后滩涂高程太高海水进不来而放弃种植红树植物的情况。事实证明，填平鱼塘造林的退塘还林/湿模式存在成本高、所选树种单一、不利于维持生物多样性等问题（Walters，2000）。近年来，海南清澜红树林省级自然保护区、海南东方黑脸琵鹭省级自然保护区采取了破堤后不填平鱼塘人工种树的修复模式，修复效果有待观察。

4.5　红树林修复标准

建立一套科学合理的红树林修复标准技术体系是实施正确的红树林生态修复的前提。我们梳理了国内现有的红树林修复/造林、监测、病虫害防治等相关技术标准信息。目前国内正式发布的红树林造林（包括育苗技术）标准 12 项（地方标准 8 项，行业标准 4 项）、病虫害防治行业标准 1 项、监测标准 4 项（行业和地方标准各 2 项）（表 4-2 和表 4-3）。除此之外，还有由厦门大学、全球环境研究所和海南东寨港国家级自然保护区管理局联合编写但未正式发布的《红树林生态系统修复操作手册》1 项。

这些标准的设置，为我国前期的红树林造林奠定了基础，其直接结果就是我国红树林面积由 2000 年前后的约 2.2 万 hm^2 快速增加到 2019 年的近 3 万 hm^2。但随着我国红树林保护与修复工作的不断深入，这些标准逐渐不能满足新的需求。

4.5.1　国家对红树林生态修复的原则要求

在新形势下，中国对红树林生态修复提出了全新的要求。

《生态文明体制改革总体方案》提出了节约优先、保护优先、自然恢复为主、整体保护、系统修复、综合治理的理念。

表 4-2　国内红树林造林标准

标准名称	级别	标准编号	起草单位	造林验收时间	设计者资质要求	监测要求	种植方式	本底调查	树种
红树林建设技术规程	行业	LY/T 1938—2011	国家林业局长江流域防护林体系建设管理办公室等	≥3 年	无	红树植物生长情况、群落更新与演替、病虫害危害、生物多样性变化、水质净化效应、热岛减弱效益、消浪减灾效益、生态旅游等。但设有具体要求与细则	规定了容器苗和胚轴苗的要求	无	真红树植物 17 种、半红树植物 5 种、包括无瓣海桑和拉关木、没有将杯萼海桑、玉蕊、拟海桑等列入
红树林控制米草属植物技术规程	行业	LY/T 2130—2013	中国林业科学研究院热带林业研究所	2~4 年	无	无	袋苗	无	包括无瓣海桑和拉关木在内的 9 种真红树植物
红树林植被恢复技术指南	行业	HY/T 214—2017	国家海洋局第三海洋研究所、厦门大学		无	无	优先采用直接插值胚轴方式种植	有	外来种应进行引种风险评估并开展跟踪监测
困难立地红树林造林技术规程	行业	LY/T 2972—2018	中国林业科学研究院热带林业研究所等	≥3 年	组织红树林造林技术专家评审	无	袋苗为主	无	真红树植物 14 种、半红树植物 5 种、包括外来种无瓣海桑和拉关木

标准名称	级别	标准编号	起草单位	造林验收时间	设计者资质要求	监测要求	种植方式	本底调查	树种
红树林无瓣海桑栽培技术规程	地方	DNB440500/T 41—2003	汕头市林业科学研究所	无	无	无	袋苗	无	
红树林海桑栽培技术规程	地方	DNB440500/T 85—2004	汕头市林业科学研究所	无	无	无	袋苗	无	
红树林海桑苗木培育技术规程	地方	DNB440500/T 84—2004	汕头市林业科学研究所	—	—	—	袋苗	—	
红树林造林技术规程	地方	DB44/T 284—2005	中国林业科学研究院热带林业研究所	速生树种1~2年、慢生树种2~3年	组织红树林造林技术专家评审	苗木生长情况	规定了容器苗的质量标准	无	名单上出现了无瓣海桑和拉关木，规定自然保护区核心区内禁止引种
红树林造林技术规程	地方	DB33/T 920—2014	浙江省亚热带作物研究所	≥3年	丙级以上资质且熟悉红树造林技术	苗木生长情况	胚轴/袋苗	无	秋茄
秋茄造林技术规程	地方	DB35/T 1619—2016	泉州市林业技术推广中心等	≥3年	无	苗木生长情况	胚轴/袋苗	无	秋茄
无瓣海桑育苗技术规程	地方	DB45/T 1712—2018	广西壮族自治区钦州市林业科学研究所	—	—	—	袋苗	—	

标准名称	级别	标准编号	起草单位	造林验收时间	设计者资质要求	监测要求	种植方式	本底调查	树种
红树林生态系统修复操作手册		印刷本、未正式出版发行	厦门大学、全球环境研究所、海南东寨港国家级自然保护区管理局	≥3 年	有红树林专业背景专家参与	红树林植被、鸟类、动物、鱼类	胎生苗、容器苗及自然传播苗	有	中国大部分红树植物种类

表4-3　中国红树林监测与病虫害防治相关标准

标准名称	级别	标准编号	编制单位	内容评述
红树林主要食叶害虫防治技术规程	行业	LY/T 2853—2017	广西壮族自治区林业科学研究院	规定了桐花树毛颏小卷蛾、广州小斑螟、柑橘长卷蛾的虫情监测、防治原则与要求、防治方法、防治效果评价等
红树林生态监测技术规程	行业	HY/T 081—2005	国家海洋环境监测中心	没有固碳、鱼类的内容，没有将红树林湿地分为红树林、林外滩涂、浅水水域及潮沟，并在监测点布置方面作出安排
广西红树林健康监测技术规程	地方	DB 45/T 832—2012	广西红树林研究中心	规范了红树林植物群落、动物群落、环境和人为干扰指标的监测内容，技术要求和方法
红树林湿地健康评价技术规程	行业	LY/T 2794—2017	中国林业科学研究院林业新技术研究所等	健康评价体系由生物群落与结构、水土环境、外部威胁与共生物安全 4 个评价要素 18 个评价指标构成。其中，生物群落与结构包括自然度、生态序列完整性、幼树中优势种比例、郁闭度、植物多样性、鸟类多样性、底栖动物多样性等指标。没有鱼类多样性内容
红树林生态健康评价指南	地方	DB45/T 1017—2014	广西红树林研究中心	综合评价：病虫害、红树植物多样性、外来种数量、珍稀濒危红树植物种类、家鸭养殖数量、鸟类多样性、捕鸟网数量、游客到访量、游客对红树林的干扰等，定数据收集具体细节，存在操作上的不确定性
红树林湿地生态系统固碳能力评估技术规程	地方	DB45/T 1230—2015	广西红树林研究中心	完整而细致地表述了目前固碳能力的计算

《湿地保护修复制度方案》（国办发〔2016〕89 号）提出了湿地保护修复的 3 个要求：增强湿地生态功能，维护湿地生物多样性，全面提升湿地保护与修复水平；避免对湿地生态要素、生态过程、生态服务功能等方面造成破坏；坚持自然恢复为主、与人工修复相结合的方式。

《全国沿海防护林体系建设工程规划（2016—2025 年）》（林规发〔2017〕38 号）针对红树林造林提出了一项要求：因地制宜确定红树林树种及配置方式，造林区域要保留适当的裸露泥滩，形成林、滩、沟交错分布的格局；针对建设区域围滩养殖严重的情况，对目前被渔业生产等占用的宜红树林滩涂地，要通过政府引导并给予适当经济补偿方式，逐步实行退塘造林，以扩大红树林面积。

4.5.2 现有红树林修复标准体系存在的问题

针对上述全新的要求，通过对现有修复标准的分析，发现其主要存在以下问题。

4.5.2.1 以植被修复为主要或唯一目标，没有体现生态系统功能修复

现有的 12 项造林/修复标准，全部是以造林为主要目的的技术标准，没有体现生态系统修复的内容。生物多样性维持、固碳、促淤造陆及防浪护堤等是红树林湿地的四大关键生态功能。从现有的标准看，都以植被修复为主要目标或唯一目标。中国科学院南海海洋研究所王友绍（2013）编写的《红树林生态系统评价与修复技术》一书提出了生态系统修复技术的理念，但缺乏具体的可操作的技术。过度强调单一目标的修复（如植被修复），难以确保在生态系统的层面实现生态功能的修复与再现，限制了生态修复的实际效果（崔保山等，2017）。就红树林修复而言，提高红树林植被覆盖是红树林生态修复的主要目标之一，也是红树林修复的重要内容，但不是唯一内容（陈彬等，2019；Barnuevo et al.，2017）。如过度强调红树林面积的恢复，在林外滩涂种植红树林，就有可能侵占水鸟觅食场所（王瑁等，2019）。因此，在修复目标设置及修复效果评估时，应该采纳面向生态系统功能的修复模式，从关键生态组分、关键生态过程以及关键环境因子角度，构建多目标修复模式，确保生态系统的完整性。迄今为止，国内还没有有关红树林生态修复方面的标准。

4.5.2.2 没有体现退塘还林/湿的技术标准

与强大的退塘还林/湿国家需求相比，与滩涂造林的大量研究及相对完整的标准体系相比，我国退塘还林/湿从基础理论、技术、标准到案例基本是一片空白。上述的所有标准都是针对滩涂造林的，没有体现退塘还林/湿的相关内容。鉴于我国大面

积鱼塘废弃及自然保护区红线范围内存在大面积鱼塘的现状，退塘还林/湿应该成为未来中国红树林修复的主要方式。但是，我国在红树林退塘还林/湿方面的研究非常少，只有 2 篇文章介绍了如何将鱼塘填平种植红树植物（符小干，2010；李华等，2010）。国家林业局长江流域防护林体系建设管理办公室等单位起草的行业标准《红树林建设技术规程》（LY/T 1938—2011）规定，对于养殖鱼塘，需要用泥土填平后方可种植。

海南、福建已经开展的一些退塘还林/湿工程都处于经验摸索阶段，迄今还没有退塘还林/湿的操作手册和技术标准。废弃虾塘红树林修复在很早就引起了关注（Matsui et al.，2010；Primavera，2005；Stevenson，1997）。1997 年，Stevenson 就提出了在废弃的虾塘重新恢复红树林的理念。2014 年，全球第一本退塘还林/湿操作手册发行（Primavera et al.，2014）。但是，该操作手册重点在于如何协调解决退塘还林/湿实施过程中所面临的鱼塘权属的法律问题和规划问题，及如何组织实施退塘还林/湿，没有涉及红树林修复的关键技术问题，也缺乏水文修复、红树植物配置等关键技术细节，对我国的参考价值不大。

4.5.2.3 只有人工修复，没有自然恢复

区别于陆生植物，红树植物的繁殖体可以随水流进行远距离传播，因而具有较强的自然恢复能力（Tomlinson，2016；Lewis，2005）。与人工修复相比，自然恢复具有投入低、恢复后群落结构好等优势（范航清和莫竹承，2018）。但是，我国现有的红树林修复标准均是以人工造林为基础编制的。国家海洋局第三海洋研究所和厦门大学共同起草的《红树林植被恢复技术指南》（HY/T 214—2017）明确规定：本标准适用于沿海地区潮间带红树林植被的人工恢复，不适用于通过红树林自然更新进行的植被恢复。《湿地保护修复制度方案》（国办发〔2016〕89 号）强调"坚持自然恢复为主、与人工修复相结合的方式"修复策略。严格来说，我国现有的科研评估体系、经费投放体系、政绩评估体系等均不利于自然恢复（范航清和莫竹承，2018），这使得我国红树林的自然恢复成效一直得不到正面评估，严重压缩了自然恢复的空间。

4.5.2.4 对项目规划设计及造林作业实施者的要求不明确

受周期性潮水的浸淹，红树林修复工程的设计及作业完全不同于陆地森林，也不同于陆地园林绿化。通过对我国 12 份红树林造林作业设计方案的梳理分析发现，超过50%的方案是由没有任何红树林专业背景的人完成的，甚至相当一部分方案是

按照陆地园林绿化的模式来设计的。现有造林标准中，虽然有 3 项标准要求项目审批过程中应组织红树林造林技术专家评审，但在具体实施过程中，这一条常常被忽视。

4.5.2.5 环境因子调研被忽视

从技术角度讲，红树林生态修复成败的关键是明确待修复区及其周边现有红树林的水文条件（滩涂高程、淹水时间、淹水频率、淹水深度）（Lewis，2005）。但是，现有标准中只有 1 项标准要求对水文条件进行调查。因此，现实中绝大多数的红树林人工造林修复项目并没有对水文条件进行事先的调查和评估，而直接进行修复种植。这种不经过水文调研、自然恢复可行性调研而直接人工种植苗木的行为被认为是园林化的"生态修复"（Lewis，2005；Stevenson et al.，1999）。

4.5.2.6 生物多样性监测被忽视

对红树林植被、动物及环境因子的跟踪监测，是评估修复效果的关键依据，是修复计划不可或缺的内容（Primavera et al.，2018；Bosire et al.，2008）。但现有标准中，只有国家林业局长江流域防护林体系建设管理办公室等起草的《红树林建设技术规程》要求造林后对红树植物生长情况、群落更新与演替、病虫害及外来有害生物危害、生物多样性变化、水质净化效应、热岛减弱效应、消浪减灾效益、生态旅游等进行跟踪监测，但没提出具体要求与实施细则。

4.5.2.7 修复、验收时间太短

Chazdon（2008）在总结了全球众多森林恢复的成功经验和失败教训后指出，无论是国家、省区还是地方尺度上，森林生态系统的恢复都需要几十年甚至更长时间，这需要长时间持续不断的资金、人力投入，以及坚定不移的政治意愿。有研究表明，完全恢复沿海海洋和河口生态系统的原生物组成需要 15～25 年，而恢复其多样性则需要更长的时间（Borja et al.，2010）。但是，我国大部分标准要求红树林造林后 3 年验收。在实际操作过程中，我国绝大部分红树林造林经费为财政专项经费，要求在资金下达后的 3 年内使用完毕。资金下达后，从可行性研究、方案设计、初步设计、施工图设计、招投标及各个环节的专家评审，至少需要 1 年时间。如果工程还涉及滩涂征收赔偿及人工抬高滩涂高程，则需要的时间更长，而红树林造林作业时间有季节限制。每年 7 月至第二年 2 月不是福建和广西种植红树林的理想季节。因此，从立项到开始种树时间可能已经过去了 2 年。

4.5.2.8　过度使用袋苗

我国现在红树林造林有一种趋势，即摒弃胚轴，倾向使用人工培育的袋苗，甚至一些作业设计以使用大苗为"卖点"。近期的一些造林工程还使用高度超过 1.2 m 的大苗。事实上，如果滩涂高程合适，直接插胚轴造林是既省钱又省力的方式。1 根胚轴一般几毛钱，而 1 株袋苗少则几元，多则几十元甚至几百元，这大大抬高了工程造价。目前，一些红树林造林工程仅种植及 3 年养护费用每公顷就超过 100 万元。

4.5.2.9　大规模单一树种造林

中国红树林人工造林面临一种非常尴尬的情况：一方面放着大量乡土原生树种不用，另一方面为了造林树种多样性而大量使用有生物入侵风险的外来种。现有的造林标准在红树植物种类方面强调乡土树种不够，反而给外来种的大量使用开了"绿灯"。我国有 26 种原生的真红树植物，但常用于造林的树种只有秋茄、白骨壤、桐花树、木榄和红海榄等 5 个树种，还有大量的树种因育苗技术、造林技术、苗木市场供应等原因而没有应用于造林。而外来种无瓣海桑有了育苗技术标准，外来种拉关木还成了广西的良种。大规模单一树种造林导致我国红树林以先锋种类为优势的千林一面的局面正在快速形成。Friess 等（2019）将单一树种造林列为全球红树林未来面临的五大问题之一。

2019 年，由厦门大学、全球环境研究所和海南东寨港国家级自然保护区管理局等单位联合编写的《红树林生态系统修复操作手册》对上述问题进行了针对性的改进。尽管该手册目前还没有被纳入现有的标准体系，但可以为我国红树林生态系统修复的相关标准的制定和执行提供良好的基础。

鉴于目前仍然缺少明确的生态系统修复技术标准，建议红树林修复项目设计可以参照以下原则：

（1）生态优先、保护优先的原则。

在设置修复目标时，应采纳面向生态系统功能的修复模式，从关键生态组分、关键生态过程以及关键环境因子角度，构建多目标修复模式，确保生态系统的完整性，将生物多样性和生态系统功能修复作为评价修复成效的重要依据。

（2）自然恢复为主、人工修复为辅的原则。

避免单一物种造林，提高多种树种育苗和造林应用；慎重使用外来种造林，禁止在保护区内使用外来种，非保护区使用外来种要经过严密的论证；除必要的立地条件改良等人工手段，应采取终止或减缓干扰的因素，促进群落自然更新和演替，减少使用袋苗，大幅度降低修复成本与修复后的维护成本。

（3）科学论证、规划先行的原则。

严格开展红树林修复前水文、自然恢复可行性等调查与评估，按照红树林湿地生态系统的完整性、典型性、稀有性或脆弱性及受损程度等，分门别类地确定修复目标、修复策略与修复技术。

（4）实事求是、因地制宜的原则。

"宜林则林，宜滩则滩"，科学确定优先修复地点及修复目标，避免过度修复；滩涂造林要慎重，除极个别以海岸防护为目标的滩涂造林外，应逐步减少滩涂造林。禁止在海草床和重要水鸟栖息地实施填滩造林，不宜采取填平鱼塘后重建造林的模式。

（5）注重成效、严格考核的原则。

在设置修复目标及评估修复效果时，应该采纳面向生态系统功能的修复模式，采取长时间序列的生态修复，延长红树林生态修复的管护及验收时间，至少满足生态系统的自我恢复能力需要；提出具体修复后的跟踪监测要求和实施细则，将鸟类、底栖生物多样性、生境质量和生态系统服务功能纳入监测体系；评审及修复效果评估应充分听取红树林专家的意见，将生物多样性和生态系统功能修复作为评估修复成效的重要依据。

（6）科学保护、以人为本的原则。

在修复后的管理上，区别对待天然林和非保护区人工修复的红树林。严格保护天然林，放宽对保护区外人工红树林的利用限制，引导对保护区外的人工红树林的可持续利用。

4.6 红树林修复树种选择

物种多样性和群落结构复杂性对于维持红树林生态系统的生态功能、增强对各种干扰的抵抗能力至关重要（Bosire et al.，2006）。在菲律宾，即使经过 60 年，单一树种造林形成的群落结构也比不上邻近的原生红树林。此外，人工种植的物种抑制了群落的自然演替，导致一些乡土树种无法在人工林内自然生长（Barnuevo et al.，2017）。

但是，实际的红树林造林工程情况又是另外一个样子。通过梳理国内 17 个红树林造林项目设计文本，结合文献调研及南方 4 个省（区）13 个红树林苗圃的调研，得到了国内红树林造林树种信息（表 4-4）。

表 4-4 中国红树林造林树种

常用树种	偶用树种	不用树种	不用原因
白骨壤*#	海莲	杯萼海桑	育苗技术、造林技术
红海榄*	海桑	海南海桑	育苗技术、造林技术
拉关木	角果木	海漆	造林技术
木榄#	老鼠簕	红榄李	育苗技术、造林技术
秋茄*#	正红树	尖瓣海莲	造林技术
桐花树#		尖叶卤蕨	育苗技术、造林技术
无瓣海桑*		拉氏红树	育苗技术、造林技术
		榄李	造林技术
		卤蕨	育苗技术、造林技术
		卵叶海桑	育苗技术、造林技术
		木果楝	造林技术
		拟海桑	造林技术
		瓶花木	育苗技术、造林技术
		水椰	育苗技术、造林技术
		水芫花	育苗技术、造林技术
		小花老鼠簕	育苗技术、造林技术

* 《全国沿海防护林体系建设工程规划（2016—2025 年）》推荐树种。

\# 《沿海防护林体系工程建设技术规程》（LY/T 1763—2008）推荐树种。

20 世纪 90 年代的统计结果表明，东南亚国家大部分造林项目只用红树科（Rhizophoraceae）的少数种类（Field, 1996; Ong, 1995; FAO, 1985）。事实上，绝大部分造林计划仅仅使用红树属（*Rhizophora*）的红茄苳、正红树 2 种植物（Barnuevo et al., 2017; Primavera & Esteban, 2008; Samson & Rollon, 2008）。菲律宾有 35 种真红树植物，但通常用于造林的树种只有 5 种，其中 3 种为红树属（Primavera et al., 2011）。主要原因是红树属植物的胚轴比较大，便于种植，且不需要育苗（Primavera & Esteban, 2008）。而大部分其他红树植物由于缺乏育苗及种植技术而无法用于红树林造林（Elster, 2000）。虽然有很多专家呼吁使用更多的红树植物种类用于造林，但因缺乏相关的采种、育苗及种植信息而难以实现。20 多年过去了，这种情况仍然没有任何改变。

我国原生的 26 种真红树植物中，常用于造林的树种只有秋茄、白骨壤、桐花树、木榄和红海榄 5 个树种，偶尔使用的有海莲、海桑、老鼠簕、角果木和正红树 5 个树种，其他 16 个树种没有使用。《全国沿海防护林体系建设工程规划（2016—2025

年)》（林规发〔2017〕38 号）推荐了白骨壤、红海榄、秋茄和无瓣海桑 4 种植物。没有使用的 16 个树种中，除水芫花、拉氏红树、尖叶卤蕨育苗技术没有突破外，其他 13 种植物的育苗技术都已经解决，但这些技术仅限于小规模的试验阶段，规模化育苗技术还没完全掌握，市场上也没有现成的苗木可以购买。事实上，在海南岛，乡土原生树种海桑的生长速度及适应性不亚于外来种无瓣海桑，杯萼海桑的耐盐能力及对土壤的适应性也不亚于外来种拉关木。

鉴于红树植物种类缺乏，各地的红树林造林计划都将增加红树植物种类多样性作为目标之一。这本身没有问题，但实际做法是通过使用外来种无瓣海桑和拉关木达到增加红树林造林树种的目的。无瓣海桑 1985 年引自孟加拉国，拉关木 1995 年引自墨西哥。这两个树种因其适应性强、栽培容易、生长速度快而被国内大量造林工程使用。但是，也正是这两个树种的这些特性，引起了人们对其生物入侵的担忧。尤其是拉关木，目前在海南、广东、广西和福建，都表现出较强的自然扩散能力。2018 年前，海南岛 80%以上的造林项目使用外来种（无瓣海桑和拉关木或两者之一）。2001—2018 年，广东红树林面积增加了 2 955.8 hm^2，其中无瓣海桑面积从 2001 年的 113.9 hm^2 增加到 2 082.3 hm^2，拉关木面积增加了 169.4 hm^2，新增红树林面积的 76.2%为外来种（杨加志等，2018）（图 4-6）。2002—2015 年的 14 年间，广西人工种植成林的 1 338.9 hm^2 红树林中，外来种无瓣海桑林贡献了 26.14%。与此同时，广西红树林天然林占比从 2001 年的 86.95%迅速下降到 2015 年的 66.82%，年均下降 1.34%（范航清和莫竹承，2018）。

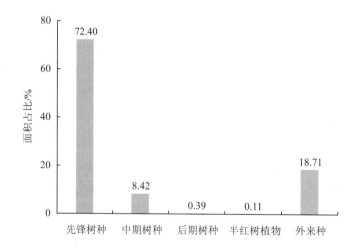

图 4-6　广东红树林群落面积比例（红树林总面积 12 039.8 hm^2）

数据来源：杨加志等（2018）。

王文卿等（2019）提出，大规模单一物种造林导致我国红树林以先锋种类为优势种的千林一面的局面正在快速形成。Friess 等（2019）将单一树种造林列为全球红树林未来面临的五大问题之一。

中国红树林人工造林面临一种非常尴尬的情况：一方面放着大量乡土原生树种不用，另一方面为了增加造林树种多样性而大量使用有生物入侵风险的外来种。为了解决这个问题，迫切需要解决我国大量乡土红树植物的大规模育苗及造林技术。

4.7　红树林苗圃

4.7.1　中国红树林苗圃基本情况

据不完全统计，目前我国大陆主要苗圃有 14 个，其中广东 8 个、海南 2 个（2019年蒙草公司在海南东寨港的三江建立了一个红树林苗圃，未纳入统计）、福建 2 个、广西 1 个、浙江 1 个。国营苗圃（主要是保护区苗圃）5 个，占苗圃总数的 36%（但供苗量不足 5%）。年产苗量为 2 000 万～2 500 万株（表 4-5）。

表 4-5　中国大陆主要红树林苗圃

苗圃名称	所有制	建立年份	面积/亩	产量/（万株/a）
海南东寨港红树林苗圃	国营	1998	60	200
海南儋州红树林苗圃场	民营	2014	150	380
海南三亚铁炉港红树林种苗繁育基地	国营	2015	50	50
广东珠海淇澳岛红树林苗圃场	民营	2005	280	1 200
广东雷州附城红树林育苗场	民营	2002	200	350
广州番禺红树林苗圃场	民营	2000	100	100
广东惠东红树育苗基地	国营	2013	100	500
广东汕头澄海红树林苗圃场	民营	1997	60	30
广东深圳海上田园红树林苗圃场	民营	2000	45	50
广东深圳华盛丰红树林苗圃场	民营	2015	150	150
广西北海红树林采种育苗基地	国营	2009	1 000	500
福建泉州桐青红树林苗圃场	民营	2001	250	1 000
福建浮宫红树林苗圃	民营	2008	7.5	10
浙南引种红树林繁育中心	国营	2006	22.5	2

4.7.2 存在的主要问题

4.7.2.1 缺乏育苗技术标准

目前苗圃培育的红树林苗木类型主要有营养袋苗、盆栽苗、棉袋大苗、裸根苗。但每个苗圃培育的规格差异较大，出圃前的预处理工作，尤其多大的苗木适合出圃造林均没有统一的标准。

很多红树植物种类（如榄李、瓶花木、卤蕨、海南海桑、卵叶海桑、拟海桑等）大规模育苗技术还有待突破。

个别苗圃选址不当，苗圃地水体或土壤盐度过低。为了提高苗木出圃规格，个别苗圃甚至有意营造淡水环境，导致大量淡水环境下培育的苗出圃，这些苗的规格及长势均优于海水环境下培育的同龄苗，但难以适应潮间带的高盐环境，造林时常发生苗木死亡的现象。

苗木出圃时病虫害检测缺乏应有的标准。近年来就发生过福建的秋茄苗木将介壳虫带到海南的案例。

4.7.2.2 缺乏规划，规模普遍较小

苗圃规模以几十亩至近百亩的居多，尤其国营苗圃偏小，设施简陋，没有正规道路或运输码头的建设。广西北海红树林采种育苗基地进行了苗圃规划，分为综合管理与科研开发区、采种区、种质资源收集保存区和优质种苗繁育区 4 个分区，其他苗圃均没有作总体规划。

4.7.2.3 培育树种单一

苗圃培育的苗木最多的是秋茄、桐花树、木榄、白骨壤、无瓣海桑（早些年）、红海榄，其他种类育苗很少，尤其缺少濒危红树植物莲叶桐、水椰、海南海桑、拟海桑、红榄李、木果楝等。

4.7.3 红树林各苗圃经营管理概况

4.7.3.1 海南东寨港红树林苗圃（国营）

经营主体：海南东寨港国家级自然保护区。

成立时间：建于 20 世纪 80 年代，主要用于科研试验育苗，年供苗量 1 万株。

1998 年德援项目资助 5 万元扩大苗圃后，苗圃开始生产育苗，年供苗量 50 万～80 万株。2015 年，保护区利用湿地补贴项目资金再次投入约 200 万元扩大苗圃规模，年供苗量达 200 万株。

　　苗圃所在地：海口市演丰镇塔市。

　　苗圃规模：60 亩。

　　培育品种：秋茄、桐花树、白骨壤、木榄、海莲、红海榄、角果木、海漆等。

　　培育类型：营养袋小苗。

　　苗圃容量：80 万株（目前有 50 万株）。

　　主要病虫害：卷叶蛾。

　　销往地点：海南、广东。

4.7.3.2　海南儋州红树林苗圃场（民营）

　　经营主体：海南绿元素生态环境工程有限公司。

　　成立时间：2014 年 10 月。

　　苗圃所在地：海南省儋州市白马井镇。

　　苗圃规模：150 亩。

　　培育树种：秋茄、红海榄、桐花树、木榄、海莲、正红树、角果木、白骨壤、海桑、木果楝、海漆、老鼠簕。

　　培育类型：营养袋大袋苗、营养袋小袋苗、无纺布袋大袋苗、塑料桶装苗。

　　主要病虫害：卷叶蛾等。

　　苗圃容量：380 万株（目前有 200 万株）。

　　销往地点：海南、广东。

　　主要问题：苗圃水体盐度偏低。

4.7.3.3　海南三亚铁炉港红树林种苗繁育基地（国营）

　　经营主体：海南三亚市红树林自然保护区。

　　成立时间：2015 年。

　　苗圃所在地：三亚市铁炉港。

　　苗圃规模：50 亩。

　　培育品种：正红树、桐花树、白骨壤、木榄、红海榄、拉关木、角果木等。

　　培育类型：营养袋小苗、裸根苗。

　　主要病虫害：卷叶蛾等。

苗圃容量：50 万株（目前有 30 万株）。

销往地点：海南（主要为三亚本地）。

主要问题：缺少管护资金，受人畜破坏严重。

4.7.3.4 广东珠海淇澳岛红树林苗圃场（民营）

经营主体：广东红树林生态科技有限公司。

成立时间：2005 年。

苗圃所在地：广东珠海淇澳岛。

苗圃规模：280 亩。

培育品种：木榄、秋茄、红海榄、银叶树、杨叶肖槿、海漆、水黄皮、桐花树、海檬果、阔苞菊、海滨猫尾木、老鼠簕、木果楝、卤蕨、白骨壤、水椰、苦郎树、玉蕊、拉关木、海桑、无瓣海桑、榄李。

培育类型：营养袋大苗、营养袋小苗、地苗。

主要病虫害：斑眼蜡蝉、卷叶蛾、叶斑病等。

苗圃容量：1 200 万株（目前大苗有 35 万株，小苗 1 150 万株）。

销往地点：广东、海南、福建、浙江等。

主要问题：缺乏苗木标准。

4.7.3.5 广东雷州附城红树林苗圃场（民营）

经营主体：雷州市附城南渡河管理处育苗场。

成立时间：2002 年 6 月。

苗圃地址：雷州市附城。

苗圃规模：红树林苗圃 200 亩。

培育树种：白骨壤、木榄、秋茄、红海榄、桐花树、海莲、木果楝、卤蕨、角果木、老鼠簕、正红树、无瓣海桑、海桑、拉关木、海漆、海檬果、水黄皮等。

培育类型：主要为小袋苗，有少量大盆苗。

苗圃容量：350 万株（目前有 130 万株）。

销往地点：海南、广东、广西、福建和浙江。

主要问题：道路不畅，苗木销量较少。

4.7.3.6 广州番禺红树林苗圃场（民营）

经营主体：广州番禺红树林生态科技有限公司。

成立时间：2000 年。

苗圃地址：番禺区海鸥岛。

苗圃规模：100 亩。

培育树种：海桑、拉关木、桐花树、秋茄、木榄、老鼠簕、银叶树、水黄皮、海檬果。

培育类型：小袋苗、盆种植中苗和大苗。

主要病虫害：毛虫、青虫、夜蛾、红蜘蛛。

苗圃容量：100 万株（目前有盆苗 20 万株，小苗 80 万株）。

销往地点：浙江、福建、广东、广西、海南。

主要问题：缺育苗标准。

4.7.3.7 广东惠东红树育苗基地（国营）

经营主体：惠州市海洋渔业科技推广中心。

成立时间：建于 2013 年。2013 年 6 月 4 日，惠州市政府批复同意市海洋与渔业局建设市红树林育苗基地培育本地优质红树林苗木，以解决考洲洋红树林生态修复苗种供应难题。市财政总投资为 188 万元。2016 年，红树育苗基地为考洲洋—罂公洲至赤岸区域海岸带整治及生态修复工程项目育苗 1 000 万株，育苗资金 1 000 万元，全部由市财政配套解决。

苗圃所在地：惠州市惠东县巽寮镇赤砂村。

苗圃规模：100 亩。

培育品种：秋茄、桐花树、白骨壤、木榄、红海榄。

培育类型：营养袋小苗。

主要病虫害：白骨壤 10 月细菌性立枯病；桐花树 5 月卷叶蛾；秋茄、红海榄 3 月蚧壳虫病。

苗圃容量：500 万株（目前处于停产状态）。

销往地点：主要为考洲洋—罂公洲至赤岸区域海岸带整治及生态修复工程项目供苗，不对外销售。

主要问题：非长期从事红树育苗，项目结束后停止育苗工作。

4.7.3.8 广东汕头澄海红树林苗圃场（民营）

经营主体：汕头市百森生态园林有限公司。

成立时间：成立于 1997 年（属于汕头市澄海区林木花卉服务站的苗圃之一），

2018 年转为现在的公司经营。

苗圃规模：60 亩。

苗圃地点：广东省汕头市澄海区凤翔街道白沙。

培育树种：秋茄、桐花树、无瓣海桑、拉关木、木榄、红海榄。

培育类型：营养袋苗为主。

主要病虫害：小斑螟、卷叶蛾。

苗圃容量：30 万株（现有各种规格苗木 16 万株）。

销往地点：红树林种苗主要供给公司自己项目使用，并销往汕头本地及潮州饶平、福建漳州等周边地区。

主要问题：苗木需求的不稳定性导致经营缺乏可持续性。

4.7.3.9 广东深圳海上田园红树林苗圃场（民营）

经营主体：深圳市海上田园旅游公司。

成立时间：2000 年正式建设，为海上田园湿地公园建设自用红树林苗圃场，项目总投资 100 万元，全部为企业自筹资金。

苗圃所在地：深圳市宝安区沙井街道民主社区海上田园旅游区红树林博览园。

苗圃规模：45 亩。

培育品种：秋茄、桐花树、白骨壤、木榄、红海榄、（白花）玉蕊、海滨猫尾木等。

培育类型：营养袋小苗、裸根苗、假植苗。

主要病虫害：卷叶蛾。

苗圃容量：50 万株（目前有 20 万株）。

销往地点：自用。

主要问题：自用型苗圃、缺乏规划。

4.7.3.10 广东深圳华盛丰红树林苗圃场（民营）

经营主体：深圳华盛丰生态科技有限公司。

成立时间：2015 年正式建设，公司自用红树林苗圃场，项目总投资 100 万元，全部为企业自筹资金。

苗圃所在地：深圳市宝安区西乡街道西湾红树林公园、深圳市宝安区福海街道海洋产业基地。

苗圃规模：150 亩。

培育品种：秋茄、桐花树、白骨壤、木榄、红海榄、海莲、尖瓣海莲、（白花）玉蕊、海滨猫尾木、卤蕨、老鼠簕、海桑、假茉莉、阔苞菊、单叶蔓荆、莲叶桐、银叶树、水黄皮、海檬果等。

培育类型：营养袋小苗、裸根苗、假植苗。

主要病虫害：卷叶蛾。

苗圃容量：150 万株（目前有 60 万株）。

销往地点：主要为自用。

主要问题：自用型苗圃，技术力量较强，为国内特殊领域红树林修复及展示提供苗木，主要是大规格苗木为主。目前企业发展需要稳定的苗圃基地，缺乏规划。

4.7.3.11　广西北海红树林采种育苗基地（国营）

经营主体：北海市国营防护林场。

成立时间：2009 年正式建成。2003 年 7 月 1 日，国家林业局以林计批字〔2003〕249 号文对可行性报告进行了批复，同意建设广西北海市红树林良种繁育基地建设工程项目。项目中央财政投资为 332 万元，地方配套 83 万元。项目初步设计将红树林采种基地划分为 4 个功能区，分别为综合管理与科研开发区、采种区、种质资源收集保存区和优质种苗繁育区。但后来因多种原因很多未落实到位。

苗圃所在地：北海市广东南路郊区。

苗圃规模：1 000 亩（包括采种区）。

培育品种：秋茄、桐花树、白骨壤、木榄、红海榄、无瓣海桑、拉关木、角果木、海漆、木果楝、银叶树等。

培育类型：营养袋小苗、裸根苗。

主要病虫害：卷叶蛾。

苗圃容量：500 万株，但目前没有苗木可卖；但可采种 1.25 万 kg。

销往地点：很少销售，局限于该林场管辖的沿海滩涂使用。

主要问题：技术力量强，但因不能自行销售苗木，导致企业缺乏积极性。

4.7.3.12　福建泉州桐青红树林苗圃场（民营）

经营主体：泉州桐青红树林技术有限公司。

成立时间：2001 年。

苗圃所在地：福建泉州、福建漳浦两处。

苗圃规模：250 亩。

培育品种：秋茄、桐花树、白骨壤、木榄、红海榄、老鼠簕、海莲等。

培育类型：营养袋大苗、营养袋小苗。

主要病虫害：卷叶蛾、介壳虫。

苗圃容量：1 000 万株（目前有 800 万株）。

销往地点：福建、广东、浙江。

主要问题：经营受红树林造林工程影响大。

4.7.3.13　福建浮宫红树林苗圃场（民营）

经营主体：福建九龙江口红树林保护区。

成立时间：2008 年正式建成，为服务九龙江南溪溪山段红树林生态修复而建立。

苗圃所在地：龙海市浮宫镇溪山村。

苗圃规模：7.5 亩。

培育品种：秋茄、桐花树、木榄、拉关木；此外，每年 3—5 月这里天然林可以提供大约 6 万 kg 的优质秋茄胚轴苗（每千克约 70 条胚轴）。

培育类型：营养袋小苗、裸根苗。

主要病虫害：蛀茎虫。

苗圃容量：10 万株。

销往地点：福建。

主要问题：缺少资金、技术，村民放牛有一定的影响。

4.7.3.14　浙南引种红树林繁育中心（国营）

经营主体：浙江海洋水产养殖研究所。

成立时间：2006 年正式建成。2004 年浙江省海洋水产养殖研究所在永兴基地筹建该中心，项目总投资估算为 100 万元。

苗圃所在地：浙江省温州市龙湾区浙江省温州市永兴基地。

苗圃规模：22.5 亩。

培育品种：秋茄、桐花树、海檬果等。

培育类型：营养袋小苗。

主要病虫害：棉古毒蛾。

苗圃容量：2 万株。

销往地点：浙江舟山、台州。

主要问题：规模、配套设施有待提高。

4.8　中国红树林修复建议

鉴于以上情况，我们提出了中国红树林修复的一般性技术原则：红树林造林时应该将单纯的植被修复提高到红树林湿地生态系统整体功能修复的高度，把鸟类、底栖生物生境修复纳入修复目标，采取以自然恢复为主、人工辅助修复为辅的策略，在红树林修复的同时，创造条件修复经济动物种群，使周边居民从中受益（范航清和王文卿，2017）。同时，提出以下建议：

（1）编制红树林生态系统修复技术标准，在修复目标、修复模式、时间安排、绩效评估等方面，落实中央"自然恢复为主、人工修复为辅"的生态修复原则。

（2）加大科研攻关力度，突破部分红树植物种类育苗技术，并用于红树林修复工程。

（3）从区域角度，科学确定优先修复地点及修复目标，避免过度修复。

（4）滩涂造林要慎重，除极个别以海岸防护为目标的滩涂造林外，应逐步减少滩涂造林。禁止在海草床和重要水鸟栖息地实施填滩造林。因此，需要对 2017年 7 月国家林业局、国家发展改革委出台的《全国沿海防护林体系建设工程规划（2016—2025 年）》的具体实施细则进行修正。

（5）红树林修复方案的编制、评审及修复效果评估应充分听取红树林专家的意见。

（6）慎重使用外来种造林，禁止保护区内使用外来种，非保护区使用外来种时要经过严密的论证。

（7）退塘还林/湿应该成为我国红树林修复的主要方式。加快退塘还林/湿理论研究、技术研发和示范地的建设，尤其解决退塘还林/湿过程中如何快速修复红树林生态系统功能的理论难题，编写退塘还林/湿操作手册；鉴于我国海岸带人口密度高的实际情况，在策略上，退塘还林/湿时应该采取积极的主动干预措施——社区参与+水文连通性的修复+人工种植苗木，但不宜采取填平鱼塘后重建造林的模式。

（8）在修复后的红树林管理上，区别对待天然林和非保护区人工修复的红树林。严格保护天然林，放宽对非保护区区域的人工红树林的利用限制，引导对非保护区区域红树林的可持续利用。

参考文献

陈彬，俞炜炜，陈光程，等.2019.滨海湿地生态修复若干问题探讨[J].应用海洋学学报，38（4）：465-473.

陈秋夏，杨升，王金旺，等.2019.浙江红树林发展历程及探讨[J].浙江农业科学，60（7）：1177-1181.

崔保山，谢湉，王青，等.2017.大规模围填海对滨海湿地的影响与对策[J].中国科学院院刊，32（4）：418-425.

范航清，王文卿，2017.中国红树林保育的若干重要问题[J].厦门大学学报，56（3）：323-330.

范航清，何斌源，王欣，等.2017.生态海堤理念与实践[J].广西科学，24（5）：427-434，440.

范航清，莫竹承，2018.广西红树林恢复历史、成效及经验教训[J].广西科学，25（4）：363-371，387.

符小干，2010.退塘还林/湿红树林造林技术[J].热带林业，38（3）：25–26.

国家林业局森林资源管理司.2002.全国红树林资源调查报告[R].

黄冠闽，2018.漳江口红树林保护区外来红树植物无瓣海桑的防控[J].防护林科技，（6）：58-59.

李春干，周梅，2017.修筑海堤后光滩上红树林的形成与空间扩展——以广西珍珠港谭吉万尾西堤为例[J].湿地科学，15（1）：1-9.

李华，薛杨，林之盼，等.2010.东方市沿海国家特殊保护林带建设及发展探讨[J].热带林业，38（2）：52，26.

林中大，刘惠民，2003.广东红树林资源及其保护管理的对策[J].中南林业调查规划，22（2）：35-38.

彭逸生，周炎武，陈桂珠，2008.红树林湿地恢复研究进展[J].生态学报，28（2）：786-797.

仇建标，黄丽，陈少波，等.2010.强潮差海区秋茄生长的宜林临界线[J].应用生态学报，21（5）：1252-1257.

王瑁，王文卿，林贵生，等.2019.三亚红树林[M].北京：科学出版社.

王文卿，王静，钟才荣，2019.红树林生态系统修复手册[M].北京：全球环境研究所.

王文卿，王瑁，2007.中国红树林[M].北京：科学出版社.

王丽荣，于红兵，李翠田，等.2018.海洋生态系统修复研究进展[J].应用海洋学学报，37（3）：435-446.

王友绍，2013.红树林生态系统评价与修复技术[M].北京：科学出版社.

徐晓然，谢跟踪，邱彭华，2018.1964—2015 年海南省八门湾红树林湿地及其周边土地景观动态分析[J].生态学报，38（20）：7458-7468.

杨加志，胡喻华，罗勇，2018. 广东省红树林分布现状与动态变化研究[J]. 林业与环境科学，34（5）：24-27.

周放，2010. 中国红树林区鸟类[M]. 北京：科学出版社.

周浩郎，2017. 越南红树林的种类、分类和面积[J]. 广西科学，24（5）：441-447.

郑德璋，廖宝文，郑松发，等. 1999. 红树林主要树种造林与经营技术研究[M]. 北京：科学出版社.

Ablaza-Baluyut E，1995. The Philippines fisheries sector program. In：Coastal and Marine Environmental Management[J]. Proceedings of a workshop. Bangkok，Thailand. Asian Development Bank，Bangkok. 27-28，March 1995，156-177.

Barnuevo A，Asaeda T，Sanjaya K，et al.，2017. Drawbacks of mangrove rehabilitation schemes：Lessons learned from the large-scale mangrove plantations[J]. Estuarine，Coastal and Shelf Science，198（Part B）：432-437.

Borja Á，Dauer D M，Elliott M，et al.，2010. Medium-and long-term recovery of estuarine and coastal ecosystems：patterns，rates and restoration effectiveness[J]. Estuaries and Coasts，33（6）：1249-1260.

Bosire J O，Dahdouh-Guebas F，Kairo J G，et al.，2006. Success rates of recruited tree species and their contribution to the structural development of reforested mangrove stands[J]. Marine Ecology Progress Series，325（1）：85-91.

Bosire J O，Dahdouh-Guebas F，Walton M，et al.，2008. Functionality of restored mangroves：a review[J]. Aquatic Botany，89（2）：251-259.

Bournazel J，Kumara M P，Jayatissa L P，et al.，2015. The impacts of shrimp farming on land-use and carbon storage around Puttalam lagoon，Sri Lanka[J]. Ocean & Coastal Management，113（8）：18-28.

Chazdon R L，2008. Beyond deforestation：restoring forests and ecosystem services on degraded lands[J]. Science，320（5882）：1458-1460.

Choo P S，1996. Aquaculture Development in the Mangrove[M]. In：Suzuko S，Hayase S，Kawahasa S（Eds.）. Sustainable Utilisation of Coastal Ecosystems. Proceedings of the Seminar on Sustainable Utilisation of Coastal Ecosystems for Agriculture，Forestry and Fisheries in Developing Countries. 63.

Christianen M J A，van der Heide T，Holthuijsen S J，et al.，2017. Biodiversity and food web indicators of community recovery in intertidal shellfish reefs[J]. Biological Conservation，213：317-324.

Dale P E R，Knight J M，Dwyer P G，2014. Mangrove rehabilitation：A review focusing on ecological and institutional issues[J]. Wetlands Ecology and Management，22（6）：587-604.

Streever W，1999. An International Perspective on Wetland Rehabilitation[M]. Kluwer Academic Publishers.

Duncan C，Primavera J H，Pettorelli N，et al.，2016. Rehabilitating mangrove ecosystem services：A case study on the relative benefits of abandoned pond reversion from Panay Island，Philippines[J]. Marine Pollution Bulletin，109（2）：772-782.

Elster C，2000. Reasons for reforestation success and failure with three mangrove species in Colombia[J]. Forest Ecology and Management，131（1-3）：201-214.

Erftemeijer P L A，Lewis R R，1999. Planting mangroves on intertidal mudflats：habitat restoration or habitat conversion[C]//Proceedings of the ECOTONE Ⅷ seminar enhancing coastal ecosystems restoration for the 21st century，Ranong，Thailand. 23-28.

FAO，1985. Mangrove Management in Thailand，Malaysia and Indonesia[J]. FAO Environment Paper，Rome. 60.

Field CD，1996. Restoration of mangrove ecosystems[J]. Okinawa：International Society for Mangrove Ecosystems.

Friess D A，Rogers K，Lovelock C E，et al.，2019. The state of the world's mangrove forests：past，present，and future[J]. Annual Review of Environment and Resources，44（1）：89-115.

Giesen W，Wulffraat S，Zieren M，et al.，2007. Mangrove guidebook for Southeast Asia[J]. Mangrove guidebook for Southeast Asia.

Gusmawati N，Soulard B，Selmaoui-Folcher N，et al.，2018. Surveying shrimp aquaculture pond activity using multitemporal VHSR satellite images-case study from the Perancak estuary，Bali，Indonesia[J]. Marine Pollution Bulletin，131（6）：49-60.

Hashim R，Kamali B，Tamin N M，et al.，2010. An integrated approach to coastal rehabilitation：mangrove restoration in Sungai Haji Dorani，Malaysia[J]. Estuarine，Coastal and Shelf Science，86（1）：118-124.

He B，Lai T，Fan H，et al.，2007. Comparison of flooding-tolerance in four mangrove species in a diurnal tidal zone in the Beibu Gulf[J]. Estuarine，Coastal and Shelf Science，74（1-2）：254-262.

Hossain MZ，2001. Rehabilitation options for abandoned shrimp ponds in the Upper Gulf of Thailand[D]. MSc. Thesis（Ref. No. AQ-01-），Asian Institute of Technology，Bangkok，Thailand.

Johnson P T J，Chase J M，Dosch K L，et al.，2007. Aquatic eutrophication promotes pathogenic infection in amphibians[J]. Proceedings of the National Academy of Sciences，104（40）：15781-15786.

Kairo J G，Dahdouh-Guebas F，Bosire J，et al.，2001. Restoration and management of mangrove systems—a lesson for and from the East African region[J]. South African Journal of Botany，67（3）：383-389.

Kuenzer C，Bluemel A，Gebhardt S，et al.，2011. Remote sensing of mangrove ecosystems：A review[J]. Remote Sensing，3（5）：878-928.

Lee S Y，Hamilton S，Barbier E B，et al.，2019. Better restoration policies are needed to conserve mangrove ecosystems[J]. Nature Ecology & Evolution，3（6）：870-872.

Lewis R R, 2005. Ecological engineering for successful management and restoration of mangrove forests[J]. Ecological engineering, 24 (4): 403-418.

Lewis R R, Gilmore R G, 2007. Important considerations to achieve successful mangrove forest restoration with optimum fish habitat[J]. Bulletin of Marine Science, 80 (3): 823-837.

Matsui N, Suekuni J, Nogami M, et al., 2010. Mangrove rehabilitation dynamics and soil organic carbon changes as a result of full hydraulic restoration and regrading of a previously intensively managed shrimp pond[J]. Wetlands Ecology and Management, 18 (2): 233-242.

Naiman R J, Alldredge J R, Beauchamp D A, et al., 2012. Developing a broader scientific foundation for river restoration: Columbia River food webs[J]. Proceedings of the National Academy of Sciences, 109 (52): 21201-21207.

Nolan R H, Drew D M, O'Grady A P, et al., 2018. Safeguarding reforestation efforts against changes in climate and disturbance regimes[J]. Forest Ecology and Management, 424: 458-467.

Ong J E, 1995. The ecology of mangrove conservation & management[J]. Hydrobiologia, 295 (1): 343-351.

Primavera J H, 2005. Mangroves, fishponds, and the quest for sustainability[J]. Science, 310 (5745): 57-59.

Primavera J H, Esteban J M A, 2008. A review of mangrove rehabilitation in the Philippines: successes, failures and future prospects[J]. Wetlands Ecology and Management, 16 (5): 345-358.

Primavera J H, Rollon R N, Samson M S, 2011. The pressing challenges of mangrove rehabilitation: pond reversion and coastal protection[J]. Treatise on Estuarine Coastal Science, 33 (1): 217-244.

Primavera J H, Savaris J P, Bajoyo B, et al., 2012. Manual on community-based mangrove rehabilitation[P]. Mangrove Manual Series, Series Vol. No.1. Zoological Society of London, London.

Primavera J H, Yap W G, Loma R J A, et al., 2014. Manual on mangrove reversion of abandoned and illegal brackishwater fishponds[P]. Mangrove Manual Series Vol. No. 2. Zoological Society of London, London.

Proisy C, Viennois G, Sidik F, et al., 2018. Monitoring mangrove forests after aquaculture abandonment using time series of very high spatial resolution satellite images: A case study from the Perancak estuary, Bali, Indonesia[J]. Marine Pollution Bulletin, 131 (Part B): 61-71.

Ren C, Wang Z, Zhang Y, et al., 2019. Rapid expansion of coastal aquaculture ponds in China from Landsat observations during 1984-2016[J]. International Journal of Applied Earth Observation and Geoinformation, 82: 101902.

Richards D R, Friess D A, 2016. Rates and drivers of mangrove deforestation in Southeast Asia, 2000-2012[J]. Proceedings of the National Academy of Sciences, 113 (2): 344-349.

Ruiz-Jaén M C, Aide T M, 2005. Vegetation structure, species diversity, and ecosystem processes as measures of restoration success[J]. Forest Ecology and Management，218（1-3）：159-173.

Samson M S，Rollon R N，2008. Growth performance of planted mangroves in the Philippines：revisiting forest management strategies[J]. AMBIO：A Journal of the Human Environment，37（4）：234-240.

Sanyal P，1998. Rehabilitation of degraded mangrove forests of the Sunderbans of India[C]//Programme of the International Workshop on the Rehabilitation of Degraded Coastal Systems. Phuket Marine Biological Center，Phuket，Thailand，January. 19-24.

Society For Ecological Restoration International Science & Policy Working Group，2004. The SER international primer on ecological restoration[J]. Tuscon：Society for Ecological Restoration International. 2-15.

Stevenson N J，1997. Disused shrimp ponds：Options for redevelopment of mangroves[J]. Coast Management，25：425-435.

Stevenson N J，Lewis R R，Burbridge P R，1999. Disused shrimp ponds and mangrove rehabilitation[M]//An international perspective on wetland rehabilitation. Springer，Dordrecht，1999：277-297.

Thomas Y，Courties C，El Helwe Y，et al.，2010. Spatial and temporal extension of eutrophication associated with shrimp farm wastewater discharges in the New Caledonia lagoon[J]. Marine Pollution Bulletin，61（7-12）：387-398.

Thompson R M，Brose U，Dunne J A，et al.，2012. Food webs：reconciling the structure and function of biodiversity[J]. Trends in ecology & evolution，27（12）：689-697.

Tomlinson P B，2016. The Botany of Mangroves[M]. Cambridge：Cambridge University Press.

Walters B B，2000. Local mangrove planting in the Philippines：Are fisherfolk and fishpond owners effective restorationists？[J]. Restoration Ecology，8（3）：237-246.

Wu H，Peng R，Yang Y，et al.，2014. Mariculture pond influence on mangrove areas in south China：Significantly larger nitrogen and phosphorus loadings from sediment wash-out than from tidal water exchange[J]. Aquaculture，426-427.

第5章

红树林外来种

在我国过去30多年的红树林湿地修复工作中，引种驯化外来红树植物是主要的造林方法。1985年，林业部林业考察团从孟加拉国引进无瓣海桑（*Sonneratia apetala*）在海南东寨港种植，使得海南东寨港国家级自然保护区成为我国最早开始从事红树植物引种的单位；1998年，中国林业科学研究院热带林业研究所从墨西哥引进美国大红树（*Rhizophora mangle*）、拉关木（*Laguncularia racemosa*），从澳大利亚和东南亚引进阿吉木（*Aegialitis annulata*）和红茄苳（*Rhizophora mucronata*）在东寨港种植。东寨港引种的外来红树植物名录见表5-1。

表5-1　海南东寨港外来红树植物种类名录

种名	种源地	原产地	引种时间	生长状况
无瓣海桑（*Sonneratia apetala*）	孟加拉国	孟加拉湾（印度、孟加拉国、斯里兰卡）	1985	开花结果
萌芽白骨壤（*Avicennia germinans*）	墨西哥	热带美洲、非洲、大西洋沿岸	1998	未见花果
拉关木（*Laguncularia racemosa*）	墨西哥	热带美洲、非洲、大西洋沿岸	1999	开花结果
美洲大红树（*Rhizophora mangle*）	墨西哥	热带美洲、非洲、大西洋沿岸	1998	开花结果
阿吉木（*Aegialitis annulata*）	澳大利亚	东南亚、澳大利亚东北部	1998	开花结果
桉叶白骨壤（*Avicennia marina* var. *eucalyptifolia*）	澳大利亚	澳大利亚东北部	1998	未见花果
红茄苳（*Rhizophora mucronata*）	东南亚	东南亚、澳大利亚	1998	开花结果

目前，无瓣海桑和拉关木已被广泛用于我国红树林人工造林，成为我国应用最为广泛的速生、抗逆性强的外来红树植物，尤其是无瓣海桑，我国超过80%的人工红树林是无瓣海桑林（Chen et al.，2009）。然而，外来种的大规模引种、使用也引

起了对其生态入侵风险的担忧。

本章对无瓣海桑及拉关木种子萌发特性、幼苗抗逆性、遗传多样性、生态位、生态系统功能等方面的相关研究进行梳理，重点分析评价其潜在入侵性，为科学认识、引种和管理红树林外来种提供理论依据并提出管理建议。

5.1 无瓣海桑

无瓣海桑（*Sonneratia apetala*）是应用最为广泛的速生、抗逆性强的外来红树植物。目前，我国超过 80% 的人工红树林是无瓣海桑林。然而，外来种的大规模使用也引起了对其生态入侵性的担忧。不少学者对其种子萌发特性、幼苗抗逆性、遗传多样性、生态位、生态系统功能等方面进行了研究和生态评价，并对其入侵潜力做出判断。

5.1.1 无瓣海桑的生态学特性

海桑科（Sonneratiaceae）海桑属（*Sonneratia*）红树植物约有 6 种，3 个杂交种（Duke，2017），主要分布在热带亚洲、澳大利亚等太平洋沿岸。在我国，天然分布的海桑属红树植物有 3 种，分别是杯萼海桑（*Sonneratia alba*）、卵叶海桑（*Sonneratia ovata*）和海桑（*Sonneratia caseolaris*），还有两个杂交种，分别是海南海桑（*Sonneratia × hainanensis*）和拟海桑（*Sonneratia × gulngai*）。

无瓣海桑天然分布于印度、孟加拉国、斯里兰卡等孟加拉湾周边国家。1985 年，中国有关人员将它从孟加拉国西南部的孙德尔本斯（Sundarbans）红树林（21°31′—22°30′N，89°—90°E）引入海南东寨港，并种植于海南东寨港国家级自然保护区的引种园内。

无瓣海桑为常绿大乔木，成年植株高达 15～20 m。主干圆柱形，茎干灰色，幼时浅绿色；小枝纤细下垂；主干基部有高 20～40 cm 的笋状呼吸根伸出土壤表面。单叶对生，厚革质，椭圆形至长椭圆形，长 5.5～13 cm、宽 1.5～3.5 cm。总状花序顶生，花萼 4 裂，三角形，绿色；花瓣缺；雄蕊多数，花丝白色，柱头蘑菇状。浆果球形，绿色，直径 1.5～3.0 cm。每果含种子 50～100 粒。种子"V"形，外种皮木质化，多孔，黄白色。种子出土萌发。在我国，无瓣海桑花期 2—10 月，果期 6—11 月（图 5-1）。

图 5-1 无瓣海桑的形态学特征和海南东寨港的种植群落（陈鹭真等，2019）

5.1.2 无瓣海桑在中国的引种

无瓣海桑原产于孟加拉湾周边国家，其天然分布区仅限于印度洋北部沿岸国家。由马六甲海峡连接着的马来半岛和马来群岛构成的狭长陆地，又称印度洋—太平洋屏障（Indo-Pacific Barrier，IPB），是许多海洋和近岸生物的天然地理屏障，也导致红树植物物种的天然种群隔离（Duke，2017）。更新世（258 万年至 1.1 万年前）海平面的周期性上升和下降导致马六甲海峡的水位波动，使洋流和物种基因流间歇性地关闭和打开，形成印度洋和太平洋之间红树植物的种群隔离（He et al.，2020）。海桑属植物在印度洋和太平洋沿岸的分布呈现出明显的地理隔离，其中无瓣海桑和格氏海桑（*Sonneratia griffithii*）仅限于印度洋沿岸（He et al.，2020）。从孟加拉国孙德尔本斯到海南东寨港，直线距离虽仅为 2 100 km，但无瓣海桑却是跨越天然地理屏障的人为物种迁移。

5.1.2.1 引种历史

1985 年引进到海南东寨港国家级自然保护区引种园之后的第三年，第一代无瓣海桑植株开花结果并产生可育的后代。由于其生长速度明显高于乡土红树植物，结实率高、育苗简单、栽培容易、适应性强，无瓣海桑迅速成为我国东南沿海红树林造林的首选树种，被广泛引种并应用于各地的红树林造林。目前，无瓣海桑的造林面积占我国红树林总面积的 17%，超过人工红树林总面积的 80%。

（1）海南东寨港无瓣海桑造林及其在海南的推广。

海南东寨港国家级自然保护区是无瓣海桑到达中国的第一站。据保护区资料记载，1985—1986 年，在保护区管理局周边滩涂上种下 6 棵第一代无瓣海桑幼苗，三年后开花结果；保护区对其进行繁育，并将第一代幼苗种植在保护区内扩种；

1989—1999 年，先后在道学种植 4.5 hm² 进行退塘还林/湿、在三江种植 8.1 hm²（其中纯林 4.4 hm²）；1997—2015 年，在野菠萝岛先后种植几批无瓣海桑，面积 24 hm²；2011—2012 年，在星辉村到东排村的逆境造林项目中种植无瓣海桑-拉关木混生群落 11.7 hm²，至今保护区内共有无瓣海桑林 48.3 hm²（保护区管理局提供资料）。

无瓣海桑的造林方式包括纯林和混交林——无瓣海桑-秋茄林、无瓣海桑-海桑林、无瓣海桑-拉关木林等。东寨港三江湾的无瓣海桑-海桑林是最早的外来种群落，其中海桑是从海南文昌引种的。2000 年以来，无瓣海桑被陆续引种到三亚、儋州和东方等地，并在澄迈花场湾、临高马袅、文昌清澜港、万宁茄新河口和三亚铁炉港等地自然扩散。

（2）东南沿海的无瓣海桑造林。

在广东，1993 年国家"九五"攻关项目红树林课题组将无瓣海桑从海南东寨港引种到广东深圳。最早种植无瓣海桑-海桑林 2 hm²。3 年后，无瓣海桑开花结实，植株最高达到 15 m。1990—2005 年，福田保护区在其缓冲区和实验区的光滩、红树林湿地生态公园等地扩种无瓣海桑和海桑（王伯荪等，2002）。随后，陆续发现该物种扩散至深圳湾南岸的香港米埔国际重要湿地，在沙嘴码头、沙河口形成天然扩散种群。目前深圳湾约有 20 hm² 无瓣海桑林。1991 年，广东廉江、湛江雷州和麻章等地开始进行无瓣海桑造林，现存 212.82 hm²（胡懿凯等，2019）。1998—2001 年，汕头、潮阳和澄海等地种植无瓣海桑纯林和混交林，现存超过 183.8 hm²（彭逸生等，2015）。2000 年，珠海、中山、广州南沙等地开始引种造林，其中淇澳岛现存 493.96 hm² 无瓣海桑（胡懿凯等，2019）。2003—2005 年，江门、阳江和电白等地也进行了无瓣海桑造林。

2002 年，无瓣海桑作为逆境造林的最适物种被引种到广西钦州茅尾海；随后陆续进行了四批次大面积种植，形成面积约 189.36 hm² 的群落（范航清等，2015）。在合浦、北海和防城港等地也进行了无瓣海桑的种植和造林。

1997 年，国家"九五"攻关项目红树林课题组将无瓣海桑北移引种到福建九龙江口浮宫镇，纬度向北推移了 3°，使其移栽区从热带季风气候跨越到南亚热带季风气候（廖宝文等，2004）。此次试种面积虽仅为 0.04 hm²，但随后在厦门周边，包括 2002 年厦门海沧（2 hm²）和 2003 年厦门集美凤林（2.68 hm²）（谭芳林等，2018）、2005 年厦门琼头（4.77 hm²）等红树林造林项目中被陆续扩种。2005—2006 年，漳浦沙西镇种植无瓣海桑林 33.3 hm²，其中位于漳江口北岸的白衣村的 4.5 hm² 群落成为漳江口保护区无瓣海桑的天然扩散源。2009 年，无瓣海桑被用于泉港海岸造林，种植 1 万株（现存活 1 棵，高 7 m）。2018 年陆续在泉州、晋江滩涂发现诸如扩散的无瓣海桑。同期，与泉港相邻的仙游枫亭种植 0.5 hm² 无瓣海桑，是目前存活纬度最高的无瓣海桑林。

5.1.2.2　分布区域

目前，无瓣海桑在我国种植的最南分布点是海南省三亚市（18°15′N）。北移引种试验表明，它可在福建闽江口的连江存活（李元跃等，2011）。2008 年，浙江亚热带作物研究所陆续引种无瓣海桑到温州鳌江口、瓯江口等地。2013 年种植于瓯江口树排沙岛的无瓣海桑一直存活至今，经历了 2016 年区域极端低温，并已开花结果，但不能实现自然下种萌发自然更新。无瓣海桑在我国种植的最北点纬度比原产地孟加拉国高 3°，比最初引种地东寨港高 5.5°。据估计，我国无瓣海桑林总面积 2 500～3 000 hm^2。据李玫和廖宝文（2008）统计，无瓣海桑全国造林面积达 3 800 hm^2。

5.1.3　无瓣海桑入侵潜力研究状况

过去对于树木的入侵潜力研究大多基于物种的入侵历史、原产地生境、叶片寿命、繁殖特性和扩散传播机制等特征（Reichard & Hamilton，1997）。

其中，入侵性是物种的基本生态学特征，即繁殖扩散能力，与它们的繁殖方式、扩散方式和适应能力密切相关，是入侵某一生境的潜力。每种植物要生存、延续后代，都需以不同的策略进行繁殖扩散、侵占领地，保证后代能够存活。因此，外来树种具有入侵性，不等于就是入侵植物。成功的入侵包括两个条件——物种的入侵性和生态系统的可入侵性。因此，对生物入侵的风险评估，不仅需要建立在对外来物种的入侵性和实际入侵程度的评价上，还要建立在对被侵入的生态系统产生影响的评价及其防治的基础上。

随着无瓣海桑的种群扩散，与本地种竞争生态位等现象日益明显，国内外学者开始关注和担忧其入侵潜力。对于外来红树植物而言，幼苗扩散能力和在潮间带的生存策略及其对生物多样性，特别是大型底栖动物群落的影响，是评价其入侵潜力的重要依据。本书将围绕以下研究框架进行无瓣海桑入侵潜力的综述和评估（图 5-2）。

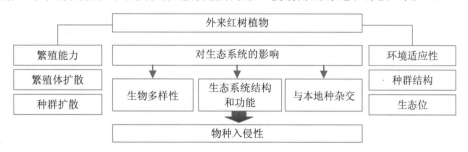

图 5-2　外来红树植物生物入侵性研究框架

注：修改自 Chen（2019）。

5.1.3.1 繁殖体特征和扩散情况

大多数红树植物的繁殖体有漂浮能力且不休眠，这是其种群扩散和建立的基础（Van der Stocken et al.，2019；Rabinowitz，1978）。海桑属是一类非胎生红树植物，以果实中数量巨大、质轻而小的种子进行繁殖。成熟浆果落地后不久果肉变软，果皮开裂，释放出大量种子。果实是繁殖体传播的基本单位，但种子和萌发了的幼苗也具有漂浮能力（曾雪琴等，2008）。由于其果实内种子数量多、萌发率高，种子一旦到达适宜地点就能定植和建群。

（1）果实和种子特征。

在调查三亚（18.30°N，109.55°E）至福建仙游（25.25°N，118.87°E）等 13 个无瓣海桑群落的繁殖体特性和漂浮能力时发现：无瓣海桑均具有较长的果期（6—11月）；6～8 年树龄的盛果期果实数量为 1 016～4 221 个/株，果实重 7.06～12.8 g/个，密度约 1.02 g/cm^3；单个果实内种子 58～131 粒，种子小（27.4～52.4 mg/粒）、密度约 1.5 g/cm^3，具木质化外种皮。综合不同地点的种子萌发率，理论上每年每树可产生 40 多万株幼苗，在深圳等纬度适中的区域，无瓣海桑具有更高的繁殖力，入侵潜力最强。果实漂浮力因地点而有差异，但成熟后的第一周超过 40%的果实可漂浮。当种子被释放出，疏松的木质化外种皮协助其获得两周以上的漂浮能力。果实和种子在海水中的漂浮能力是无瓣海桑发生扩散传播的内在条件。

（2）种群扩散案例。

引入我国 35 年来，无瓣海桑的长距离扩散主要依靠人工造林，而短距离扩散取决于繁殖体的特性。近年来，种群扩散的态势日趋严峻。2004 年，在远离大陆几十公里的广西北海涠洲岛发现自然扩散的无瓣海桑；2011 年，海南岛西部的东方和儋州等地种植无瓣海桑之后，已有部分无瓣海桑扩散到临高与澄迈交界的马袅天然红树林（与种源地距离约 100 km）；2014 年年底，它被发现已经扩散至福建漳江口国家级自然保护区；2015 年以来，在湛江雷州造林区域外的河道里发现密集的扩散幼树；2020 年，在海南文昌清澜港发现自然扩散的无瓣海桑。这些短距离的扩散和其繁殖体的特性密切相关。

① 福建漳江口。

2006 年，福建漳浦沙西镇白衣村种植无瓣海桑（现有 4.5 hm^2）。2014 年年底，白衣村西南、位于河口上游的漳江口红树林国家级自然保护区内发现 124 株无瓣海桑植株（吴地泉，2016）。随后它们被保护区管理局清除。2018 年 12 月，漳江口红树林保护区内再次发现 186 株无瓣海桑，其中 76%是在清除后长出的（表 5-2 和

图 5-3）。无瓣海桑植株的分布与高程和盐度显著相关。综合分析物候和水文参数，发现每年 9 月是无瓣海桑盛果期，恰逢天文大潮期，潮水可在 5 天内将漳江口湾口种源地的无瓣海桑果实带入湾内；而湾内高程和盐度适宜的光滩和潮沟，促进了其萌发和定植。但由于目前这些区域不断被入侵植物互花米草（*Spartina alterniflora*）占据，形成较为强烈的种间竞争（Peng et al.，2018）。

表 5-2　2014 年和 2018 年漳江口的无瓣海桑扩散植株数量和结构

调查年份	树龄/a	数量/株	胸径/cm	树高/m	冠幅/m²
2014	2	86	1.89±0.04	1.49±0.02	0.43±0.03
	3	29	4.91±0.08	1.83±0.03	2.00±0.06
	≥4	9	10.40±0.61	3.66±0.19	11.19±0.94
2018	2	4	3.02±0.01	1.55±0.00	0.64±0.01
	3	142	5.00±0.01	2.10±0.00	3.44±0.01
	≥4	40	14.57±0.16	4.78±0.04	17.0±0.23

图 5-3　2018 年漳江口红树林国家级自然保护区无瓣海桑自然扩散情况（Chen et al.，2020）

②福建九龙江口。

1997 年，无瓣海桑从海南东寨港被引种到福建九龙江口（陈玉军等，2003）。该区域是中国最早开展红树植物引种试种的区域，早在 20 世纪 80 年代就种植了从海南东寨港引入的海莲（*Bruguiera sexangula*）、木榄（*Bruguiera gymnorhiza*）和红海榄（*Rhizophora stylosa*）等物种（林鹏等，1994）。2008 年的调查显示：最早种植的 100 株无瓣海桑剩余 78 株，全为立木，平均株高 7.7 m（株高 3.0～13.0 m）；其扩散区共调查到 80 株无瓣海桑，含 54 株立木（株高 2.0～7.0 m），扩散立木主要分布在浮宫引种区林缘及周边、九龙江南溪支流入海口两岸和河口附近的岛屿、沙洲等（图 5-4）。扩散幼苗和幼树株高 0.1～1.7 m，分布在浮宫引种区林缘及其 250 m 范围内。其中，52% 的扩散立木与引种中心距离在 250 m 内，扩散植株数量随着距离增加显著下降；最远扩散距离 4.1 km，且树龄达到 4 年的扩散植株占比 6.3%。可见，无瓣海桑已基本适应了九龙江口的自然条件，并且具有一定的扩散力（潘辉等，2006）。2003 年，另一批无瓣海桑被种植到九龙江口北岸的海沧，但在 2008 年的扩散调查中未发现海沧种群的扩散。

（a）龙海浮宫引种园周边天然扩散的植株　　　（b）龙海玉枕洲秋茄林内的无瓣海桑植株

图 5-4　福建九龙江流域的无瓣海桑扩散（图片来源：陈鹭真）

③ 广东深圳福田。

深圳福田红树林保护区是广东省最早种植无瓣海桑的区域之一。1993 年种植无瓣海桑和海桑后，1994—2005 年，每年均进行无瓣海桑造林，最多为 0.4～0.8 hm²/a。1997 年在深圳湾出现了自然扩散的无瓣海桑植株；2001 年调查到 298 株扩散植株；之后逐年增多，并形成天然扩散种群（刘莉娜等，2016），如保护区西侧与红树林滨海公园交界处（2003 年形成）、深圳湾大沙河入海口西侧填海区（2008 年形成）、深圳河沙嘴码头（2004 年形成）等。无瓣海桑是先锋树种，主要生长在海滩的前缘，部分可至林窗和林内空地（廖宝文等，2004）。2017 年至今，保护区陆续开展核心区周边无瓣海桑的清除；2019 年 4 月，沙嘴码头的种群已被完全清除。

5.1.3.2　环境适应性和种间竞争优势

（1）固碳策略。

作为速生植物，无瓣海桑具有高于乡土红树植物的光合氮利用率和光合固碳能力，较强的环境耐受性、高固碳和高养分能量利用策略，对潮间带环境具有很强的适应性（刁俊明和陈桂珠，2008；Chen et al.，2008；廖宝文等，2004；陈长平等，2000）。无瓣海桑成年植株的叶片生物量建成成本（Construction Cost，CC）低于本地红树植物，具有较高的资源捕获效率和较低的能量消耗，进而推测其入侵性（Li et al.，2011）。一般而言，草本和藤本入侵植物的叶片 CC 通常低于本地植物；这种能量分配策略与资源利用的有效性决定了植物可快速生长（Song et al.，2007）。基于高效的资源捕获和利用率，无瓣海桑植株能在短时间内郁闭成林。

红树林是热带地区碳含量最高的森林之一（Donato et al.，2011）。基于其速生特性，无瓣海桑林还可作为固碳林发挥蓝碳作用。广东省无瓣海桑林的平均植被碳密度为 50.8 MgC/hm^2；而土壤碳密度为 260.5 MgC/hm^2，是植被碳密度的 5 倍（胡懿凯等，2019）。相比之下，深圳福田无瓣海桑林的植被碳密度为 73.6 MgC/hm^2，显著高于白骨壤群落、低于秋茄群落；而其初级生产力显著高于秋茄和白骨壤群落（彭聪娇等，2016）。虽然无瓣海桑的净初级生产力高、植被固碳效应显著高于本地红树植物群落，但深圳福田和湛江等地的无瓣海桑群落的土壤碳库和碳累积率低于本地红树植物群落或差异不显著（Lunstrum & Chen，2014）。这与无瓣海桑凋落物 C/N 低、输入土壤内源碳低有关（Lu et al.，2014）。群落年龄低也可能导致土壤碳库含量低（Lunstrum & Chen，2014）。

表 5-3 汇总了目前广东几个红树林区无瓣海桑林、天然红树林植被和土壤的碳密度。虽然无瓣海桑可以加速植被生物量碳的累积，但由于红树林土壤碳储量占生态系统总碳储量的比重大（50%～90%）（Donato et al.，2011），在碳汇林建设中，无瓣海桑林的土壤碳累积不突出，其固碳优势有限。

表 5-3　广东红树林区的植被/土壤碳密度和净初级生产力

地点	群落类型	林龄/a	植被碳库/（MgC/hm^2）	土壤碳库/（MgC/hm^2）	净初级生产力/[MgC/（hm^2·a）]	文献来源
广东深圳福田	无瓣海桑	21	73.6±6.0	70.6±3.4	11.87	彭聪娇等（2016）、彭聪娇（2016）
	海桑	21	100.1±5.1	64.1±2.8	9.60	
	秋茄	23	127.6±14.6	63.7±0.5	7.67	
	白骨壤	70	28.7±3.5	104.1±3.5	8.75	
广东珠海淇澳岛	无瓣海桑	15	63.5±7.1	288.6±7.8	—	胡懿凯等（2019）

地点	群落类型	林龄/a	植被碳库/（MgC/hm²）	土壤碳库/（MgC/hm²）	净初级生产力/[MgC/（hm²·a）]	文献来源
广东廉江高桥	无瓣海桑-桐花树	12～60	53.0±9.5	78.8±5.1	—	Lu 等（2014）
	桐花树	60	45.7±4.4	68.2±6.8	—	
广东雷州	无瓣海桑	10	49.0	67.5	—	Ren 等（2009）
	无瓣海桑	13	—	82.1±9.5	—	Feng 等（2019）
	秋茄-桐花树-白骨壤	13	—	88.9±9.0	—	

（2）潮间带环境适应性。

幼苗和幼树期的生长速率关系到无瓣海桑在新环境中快速定居和建群的能力；同时，较宽的生态幅和较好的潮间带适应性使它在与本地树种的竞争中占优势。

① 潮汐淹水适应。

潮汐淹水时间延长和淹水频繁是红树林面临的最突出的环境胁迫（Krauss et al.，2014）。红树植物的潮汐淹水适应性使得它们在潮间带表现出与海岸线平行的分带现象——不同物种因自身不同的潮汐淹水耐受力而分布在不同的高程区域。我国的天然红树林主要分布在中、高潮带（林鹏，1997）。在原产地孟加拉国的孙德尔本斯，无瓣海桑常在河沟林缘形成天然群落（Siddiqi，2001）。其幼苗耐淹水、可在中潮带有最适生长的生态位（Chen et al.，2013）。因此，无瓣海桑常作为先锋树种被种植在一些本地种不能生长的中低潮位，实现逆境造林（廖宝文等，2004）。

无瓣海桑在中低潮带的长时间淹水环境中更具生长优势，这个区域很可能成为外来种与本地种竞争空间和资源的主要区域。无瓣海桑可能因速生、植株高大等优势在种间竞争中胜出。例如，在湛江雷州等地可见红树林前缘的白骨壤和无瓣海桑天然扩散种群。

② 盐度和光照适应。

盐度和光照是影响红树植物生长的两个主要环境因子。普遍认为盐度是红树林生长过程中的重要条件。由于潮间带特殊的生境，红树林已经形成一种特殊的维持水分和离子平衡的机制，可以有效地适应盐分过高的生境（Ballment，1988）。但是，不同的红树植物对盐度的适应能力有所不同。当盐度超出植物生长适宜的范围，即产生盐胁迫，红树植物则表现出相应的生理反应，且其生长发育过程也会受到一定的限制。低盐生境（盐度0～10）适宜无瓣海桑的种子萌发（李云等，1997）；淡水生境可促进其幼苗长叶和茎的生长，盐度 20 以内幼苗有自我修复能力，而高盐生境抑制幼苗生长（陈长平等，2000）。另外，无瓣海桑可通过深根系吸收地下水用于生长，福建漳江口无瓣海桑对地下水的利用率高达 99.3%，显著高于本地红树植物秋茄、白骨壤和桐花树（地下水利用率为 49.1%～65.6%）（黄敏参等，2012）。这一特性也可缓解环境的盐胁迫。

大多数红树植物是阳性树种，不适宜在阴生生境中生长。当繁殖体离开母体到定居生长成幼苗，林下、林缘不同程度遮光将限制其生长。当郁闭度达 0.6～0.8 时，林下的低光胁迫成为红树植物幼苗生长的限制因子。无瓣海桑也是阳性树种，幼苗在林下的生长受到低光的抑制（廖宝文等，2004）。野外调查中，在低盐度和较高光强的生境，无瓣海桑幼苗适应能力更强。这也说明它不适应于高盐度的河口生境和低光照的林下环境；而在低盐度的上游区域和有淡水汇入的河口湾区域生长更旺盛；林缘光滩和林窗等高光照条件也是无瓣海桑幼苗生长的适宜区域。

③ 低温适应。

低温是限制红树林北移的主要因子（Tomlinson，2016）。冬季海水温度 20℃被认为是红树林纬向分布的临界点（Duke et al.，1998）。红树植物大多为嗜热性植物，低温限制了它们向两极扩散。在美洲、澳大利亚等地均发现气温升高和极端低温频发使萌芽白骨壤（*Avicennia germinans*）的分布区不断向高纬度地区推进（Osland et al.，2018；Saintilan et al.，2014）。陈小勇和林鹏（1999）预测：气温增高 2℃，我国红树林分布区纬度将向北扩展 2.5°。然而在我国，无瓣海桑北移引种已跨越多个纬度（>6°），其幅度远大于在未来气候变暖影响下本地红树植物可能北移的幅度。其原产地孙德尔本斯红树林的纬度与我国广东省相当，显著高于海南东寨港。然而，由于季风和印度洋暖流的影响，其原产地的平均气温较高，使其具有显著的热带属性。嗜热性的无瓣海桑在我国表现出很好的低温适应性，使其引种造林区域不断北移。

当极端低温发生时，北移的物种更容易受到寒害。2008 年，我国南方寒流导致红树林植物受损。其中，多个地点无瓣海桑小苗或成年大树受损，东寨港成年无瓣海桑植株的 25%叶片掉落，苗圃幼苗存活率 80%（陈鹭真等，2010）；当极端低温达到 0.2℃（年均低温 4.5℃）时，其成年植株落叶率达 50%（Chen et al.，2017a）。

无瓣海桑抗寒能力低于乡土物种秋茄，略低于白骨壤、桐花树和木榄，但仍高于我国大多数乡土红树植物（表 5-4）。在高纬度区域，冬季无瓣海桑的叶片可溶性糖含量低，限制了其抗寒能力（杜晓娜，2012）；且由于低温的影响，用于繁殖和种群扩散的能量投入少，无瓣海桑植株矮小，果实不仅小且数量少。尽管如此，高纬度地区乡土红树植物物种单一（福建泉州湾以北仅秋茄 1 种）、生态系统脆弱，外来种无瓣海桑的竞争强度也不容忽视。

表 5-4 我国 12 种红树植物低温敏感性等级（Chen et al.，2017a）

物种	叶片敏感性	植株敏感性
秋茄（*Kandelia obovata*）	低	低
桐花树（*Aegiceras corniculatum*）	低	低
白骨壤（*Avicennia marina*）	—	低
木榄（*Bruguiera gymnorhiza*）	低	低
海莲（*Bruguiera sexangula*）	低	中
尖瓣海莲（*Bruguiera sexangula* var. *rhynchopetala*）	低	中
红海榄（*Rhizophora stylosa*）	中	中
正红树（*Rhizophora apiculata*）	中	高
海桑（*Sonneratia caseolaris*）	高	高
拟海桑（*Sonneratia × gulngai*）	—	高
杯萼海桑（*Sonneratia alba*）	高	高
无瓣海桑（*Sonneratia apetala*）	—	中

注：敏感性越高，抗寒性越低。

（3）种群竞争力。

速生、生产力高和抗逆性好是无瓣海桑作为造林首选树种的原因。早期对无瓣海桑人工林的研究已经发现，它可以在大部分乡土红树植物无法生长的中低潮带占领空缺生态位并迅速定居和建群，更能在原生红树林内的空地和林窗迅速生长（昝启杰等，2003）。无瓣海桑的种间竞争力呈现出种植区域的特异性。

在海南东寨港，乡土树种物种数多、群落郁闭度高，引种第一代无瓣海桑植株（35 年龄）生长良好，仅在红树林林缘发生扩散，且林下有桐花树的幼树生长，已形成郁闭群落；东寨港三江的无瓣海桑纯林、无瓣海桑-海桑混生群落和无瓣海桑-秋茄混生群落也生长良好，群落内生长了桐花树，群落郁闭度在 90%以上。这可能与其林下密布笋状呼吸根，可以帮助秋茄、桐花树的繁殖体固着有关。

在深圳湾，当无瓣海桑与本地近缘种海桑一起种植时，其竞争力低于后者（Chen et al.，2012）；但它在潮间带的生态位比海桑宽，适宜生长的高程范围更广（Chen et al.，2013），经历历次寒害后无瓣海桑仍能保存良好（Chen et al.，2017a）；在无瓣海桑-秋茄混生群落中，它能在短短几年内迅速生长，迅速占据和超过同龄乡土物种秋茄（刘莉娜等，2016）；同龄的无瓣海桑纯林和秋茄纯林的生物量和树高差异显著（图 5-5）（Lunstrum & Chen，2014）。

图 5-5　广东深圳福田红树林区的 5 年龄无瓣海桑纯林和秋茄纯林及其生物量比较

（图片来源：陈鹭真）

在广东其他区域，由于潮间带宜林地窄、生态位重叠程度大，在无瓣海桑林下，秋茄、木榄、海桑和桐花树等幼苗的生长均受到抑制（曾雯珺等，2008；梁士楚等，2005；李玫等，2004）；无瓣海桑也能入侵天然林林窗，迅速生长并覆盖周边低矮的乡土植物，甚至取代乡土秋茄和桐花树群落（Ren et al.，2008）。由于其较强的种间竞争能力，无瓣海桑还被用于替代入侵植物互花米草——当无瓣海桑形成冠层，通过冠层的遮阴作用抑制互花米草的生长（Li et al. 2010；管伟等，2009）。

5.1.3.3　无瓣海桑种群对生态系统的影响

（1）对生物多样性的影响。

大型底栖动物是红树林生态系统中重要的消费者。珠海淇澳岛不同生态恢复阶段的无瓣海桑群落中大型底栖动物的群落结构不同，在状况最佳的 6 年林龄无瓣海桑林中大型底栖动物的生物量最小（唐以杰等，2015）；无瓣海桑林内大型底栖动物在种类组成和数量分布上均显著低于天然秋茄林（钟燕婷等，2011）。在汕头，当无瓣海桑林下混交有红海榄或木榄时，底栖动物的生物量和物种多样性提高（唐以杰等，2015）。对比湛江高桥的红树林和盐沼湿地中大型底栖动物的次级生产力发现，无瓣海桑林的次级生产力最高（蔡立哲等，2012）。在深圳福田红树林保护区，相比于天然红树林，混种无瓣海桑-海桑人工林内的鸟类群落生物多样性较高（昝启杰，2003）。

在海南东寨港，无瓣海桑对于提高生境异质性有积极作用，其对蟹类和鱼类种群结构的影响是正面的。由于呼吸根的存在增加了生境异质性，宽身闭口蟹和淡水泥蟹这类成年个体较小的蟹类在无瓣海桑林中大量存在、且占比很高（顾凯利，2017）。无瓣海桑林的大型底栖动物丰富度指数和物种多样性均高于乡土红树植物群落秋茄、角果木等（马坤，2011）。但是，相对于鱼类和蟹类而言，软体动物的活动范围较小、其分布受底质和盐度的影响大（祝阁，2013；韩维栋等，2003；范航清等，2000）。东寨港无瓣海桑林的软体动物密度和生物量均低于光滩和乡土红树林林内；无瓣海桑不利于软体动物的迁移和生长（章慧，2016）。

（2）对大型底栖动物摄食的影响。

外来红树植物的引入不仅对大型底栖动物群落的结构有影响，也会改变其摄食偏好。叶片中单宁含量和 C/N 决定了红树植物的适口性和营养价值。较之桐花树，无瓣海桑叶片的单宁含量更低且可以迅速被淋洗，相手蟹更偏向于摄食无瓣海桑的凋落叶（李旭林等，2010）。另外，稳定同位素和脂肪酸标记表明，在湛江高桥（17年龄）和海南东寨港（25 年龄）的无瓣海桑林中，相手蟹类的食物来源和比例未发生显著变化（Chen et al.，2017b）；虽然无瓣海桑林中的黑口滨螺和珠带拟蟹守螺等软体动物的食性与乡土红树林中相应软体动物的食性的差异不显著，但对红树植物凋落物的摄食比例较少，更倾向于摄食大型藻类、微藻或细菌等（晏婷，2012）。

（3）与乡土红树植物的自然杂交。

自然杂交在外来种的成功入侵中起了重要作用。外来物种与本地近缘种之间的杂交将改变乡土植物的遗传多样性，导致本地种的遗传侵蚀。植被修复中，混种外来种与其本地近缘种，将加大这类事件的发生频率。早在 1996 年，解焱等学者就呼吁警惕无瓣海桑与本地海桑属红树植物的自然杂交（解焱等，1996）。2018 年，科研人员发现东寨港野菠萝岛海桑属植物引种区的 2 株天然的杂交个体，植株高已达7 m。其叶形、花苞大小、萼片数量和柱头性状都是无瓣海桑和杯萼海桑的中间性状，叶绿体 DNA 证明其父本为无瓣海桑、母本为杯萼海桑（Zhong et al.，2020）。这两个自然杂交个体的发现，足以提醒我们防范无瓣海桑在本地海桑属红树植物分布区的入侵风险。

5.1.4 无瓣海桑造林的利弊分析

无瓣海桑的速生和高抗逆性等生物学特性，大大提升了我国红树林逆境造林的成活率，给我国红树林修复和造林工作提供了信心。然而，速生也是其应该担忧之处——一些入侵植物往往是速生和抗逆性强的植物。近年来，出现了多起流域尺度上的无瓣海桑扩散案例和远距离的传播扩散。因此，迫切需要对其入侵性进行判断，这关系到其在红树林修复工程中的应用。

　　本节整合了现有无瓣海桑的生物学特性、繁殖体特性、生境适应性及其对引入地的生态系统影响的研究数据，从无瓣海桑的入侵性、对生态系统的影响和实际扩散程度等 3 个方面进行了综合评价，并对无瓣海桑造林进行了利弊分析（表 5-5）。

表 5-5　无瓣海桑造林的利弊分析（基于前文数据）

特性	利	弊
萌发率高、后代成活率高	易于育苗培养、易于建群	一旦爆发，难以管理
漂浮力强	易于建立新种群	易发生短距离扩散
速生、氮利用率高、深根系利用地下淡水	生物量高、适于速生林、碳汇林建设	与本地种的种间竞争强、可迅速占领生态位
抗逆性强	逆境造林的成功率高	生态幅宽，适宜的生态位广
生态系统结构和多样性	呼吸根提高空间异质性，改变蟹类种群结构，提高蟹类和鱼类多样性	对软体动物多样性有负面影响
大型底栖动物摄食	影响不显著	影响不显著
发生天然杂交	无	改变乡土植物遗传多样性，导致本地种的遗传侵蚀

5.2　拉关木

　　由于适应能力强，有较强的繁殖体扩散能力，生长快速，拉关木被选作除无瓣海桑外红树人工造林的另一常用树种。与此同时，面对大力引种拉关木这一现象，其到底是否具有入侵性，众多学者评价各异。本节通过梳理外来种拉关木的相关信息并分析其潜在入侵性，旨在为引种推广和管理拉关木提供科学的认识和理论依据。

5.2.1　拉关木的生态学特性

　　拉关木在我国是使君子科（Combretaceae）假红树属（*Laguncularia*）的外来红树植物，同属使君子科的乡土红树植物还有榄李属（*Lumnitzera*）的榄李（*L. racemosa*）和红榄李（*L. littorea*）。本种天然广泛分布于南美、西印度群岛、百慕大群岛、西非和美国佛罗里达沿岸，其从 1845 年至今有完整的标本记录。

　　拉关木又名拉贡木，高大乔木，树干圆柱形，茎干灰绿色；单叶对生，全缘，厚革质，长椭圆形，先端钝或有凹陷，长 6～12 cm、宽 1.5～5.5 cm，叶柄正面红色，背面绿色，有 2 个腺体；总状花序腋生，有小花 18～53 朵；隐胎生果卵形或倒卵形，长 2～2.5 cm，果皮多有隆起的脊棱，幼时灰绿色，成熟时黄色；雌雄同株或异株，具有典型的隐胎生繁殖方式，种子在离开母体前就发芽，但不突破果皮；种子干粒重 427～447 g，发芽率为 90.6%～96.2%；花期 2—9 月，其中盛花期在 4 月下旬至 5 月，7—9 月仅偶有少量花；果实成熟期为 7—11 月，盛果期为 8—9 月中旬，10—11 月有少量果实成熟（张方秋等，2012；钟才荣等，2011）。拉关木常分布于河口有淡水影响、土壤和海水盐度较低、沙质基质、林冠稀疏和人为干扰的区域（Urrego et al.，2009；Cunha et al.，2006），在淤泥深厚、松软肥沃的中高潮滩长势最好，对盐度和缺氧的适应能力强，抗逆性较好；拉关木喜热带海潮滩涂环境，不耐寒冷，气温低于-4℃时，会因出现寒害而死亡。

在我国不同省份拉关木花果期略有差异。在海南花期 2—9 月、果期 4—11 月，往北花果期推后，按海南—广东—福建的顺序大致相差 1 个月，且花果期逐渐缩短。拉关木的隐胎生种子发芽率高，野外的林下、林缘至潮沟两侧常分布有大量不同大小的幼苗，尤其在拉关木人工林下（图 5-6）。因此，拉关木易于实现快速大量育苗，既可直接播种于营养袋，也可苗床育苗后再移栽至营养袋。

图 5-6　拉关木的小苗（a）、花（b）和果实（c）（图片来源：周海超）

5.2.2 拉关木的分布及其在我国红树林的引种现状

拉关木的天然分布仅限于新热带区和非洲西部。据相关文献报道，其分布在北美和南美东部的热带海岸（从美国佛罗里达州 28°50′N 到巴西拉古纳 28°30′N）以及除百慕大、多米卡和荷属安的列斯群岛以外的所有加勒比海岛屿；在安圭拉岛的分布情况目前还是未知状态（Wilkie & Fortuna，2003）。在南美太平洋沿岸，从墨西哥的埃斯特拉·萨根托（29°17′N）到秘鲁的皮乌拉河（5°32′N），及西非地区（安哥拉、贝宁和多哥、喀麦隆、科特迪瓦、刚果民主共和国、加蓬、冈比亚、加纳、古尼雅、几内亚比绍、尼日利亚、塞内加尔和塞拉利昂）均有分布，但在加拉巴哥群岛、科科斯、马尔佩洛和加那利群岛不存在拉关木，大西洋中南部的分布情况有待进一步确认。

拉关木是 1999 年从墨西哥拉巴斯市（24°30′N，110°40′E）引种至我国海南东寨港国家级自然保护区苗圃进行育苗（表 5-6）。从成熟的母树采摘果实，筛选出优质种子，经过海关检疫后，开始在海南东寨港国家级自然保护区育苗培养。树苗长至 1.2～1.8 m 时移栽，第一代苗共种植 127 株，2002 年开始开花结果。2003 年 8 月采种育苗，所育苗木于 2004 年推广到广东省电白县红树林自然保护区，2006 年开花结果。2008 年，从广东电白采集 13 万粒拉关木种子到福建莆田进行育苗，当年共成功培育 11 万株拉关木苗。2009 年，部分苗木销往厦门等地造林，其余苗木滞留于苗圃中。2010 年，苗圃中有少量树开花结果（钟才荣等，2011）。广西最早在北海银海区冯家江大桥附近引种拉关木，随后于 2009 年在大冠沙潮滩进行试验造林，2013 年测定四年生试验林平均基径 18.11 m，平均树高 5.86 m（潘良浩等，2018）。刘强等（2019）初步调查发现，拉关木于 2012 年或 2013 年被人工引种至海南东寨港、儋州新盈红树林湿地公园、三亚铁炉港、东方市黑脸琵鹭保护区等地，至 2017 年年底就已郁闭成林，林下十分荫蔽，在 1 m×1 m 的样方中，拉关木幼苗数量高达 85～112 株。近几年来，在福建厦门市下潭尾滨海湿地公园、漳浦县、九龙江口（张苏玮，2010），广东省中山市、珠海淇澳岛、深圳大鹏新区等地陆续引进该种造林，长势良好（马嫱和陈焜，2016）。

广东省具有最长的海岸线和最大红树林面积分布，同时，也是最热衷引种拉关木的省份。除表 5-6 所列在广东各个沿海县市普遍引种了拉关木外，全国最大面积的红树林保护区——湛江红树林国家级自然保护区也具有大面积的拉关木人工林。另外，需要引起注意的是，在广东存在一些非红树林相关主管部门的引种造林行为，如惠州万科双月湾地产和深圳大鹏鹿嘴湿地公园，存在企业引种拉关木造林的行为。

这些造林项目主要在原本没有红树林分布的区域，难以在相关的研究报告和官方文件中查找得到，等发现后往往已经成林且形成一定规模的繁殖扩散趋势。

表 5-6　我国代表性的拉关木红树引种事件

年份	地点	引种详情与文献
1999	海南东寨港	引种 1 000 粒拉关木成熟种子至试验园，于滩涂内播种，规格为 2 m×2 m，发芽率为 80%，第一代种植成活 127 株，于 2002 年开花结果，2003 年大量开花结果育种，2004 年首次推广至广东电白县红树林自然保护区（廖宝文等，2006）
2004	广东电白	水东湾红树林自然保护区开始引种拉关木；2006 年开花结果，2007—2008 年引种至福建莆田苗圃（张苇等，2013）
2007	广东珠海	从海南东寨港引种拉关木至淇澳岛红树林湿地自然保护区，呈片状分布，开始面积为 30 m×16 m（王秀丽等，2017）
2007	广东汕头	引种拉关木小苗，而后在汕头莲阳溪、汕头义丰溪口、潮州浮仁均有分布（陈远合等，2010）
2007	福建莆田	从广东电白采集 13 万粒拉关木种子至福建莆田进行育苗，成功培育 11 万株拉关木苗，次年苗木销往厦门等地（钟才荣等，2011）
2008	广东广州	南沙湿地公园于 2008 年一期工程引入拉关木，呈块状分布在一期码头附近，主航道两侧（邱霓等，2017）
2009	福建厦门	厦门下潭尾滨海湿地公园首次从莆田引种拉关木苗木（钟才荣等，2011）
2009	福建龙海	九龙江口红树林保护区首次从莆田引种拉关木苗木（王秀丽等，2018）
2009	广西北海	北海市银海区滩涂试验造林种源试验林面积 60 亩（李滨，2016）
2012	广东深圳	2010 年规划的"大鹏半岛国家地质公园"项目的"鹿咀红树林湿地保护区"子项目。2017 年 6 月，首次调查发现 4～5 m 高大树约 20 株；林下密布 1～2 年生小苗；2019 年 5 月，调查发现当年生至 3～4 年生小苗已扩散至鹿嘴潟湖的不同区域（笔者调查）
2013	广东惠州	惠州市惠东县万科双月湾地产于双月湾约 1.5 km 内湾线进行沙袋围堰，抬高种植高程，引种数种红树植物，以拉关木为主新建红树林海湾，于 2017 年郁闭成林，高 4～5 m，林缘大量 1～2 年生小苗繁殖扩散，在湾区对岸和上下游均有发现大量小苗扩散定植（笔者调查）

5.2.3　拉关木的研究现状

5.2.3.1　国内外研究现状对比

外来速生红树植物无瓣海桑和拉关木作为先锋树种应用于红树林的引种造林，是我国近 30 多年红树林生态恢复工作的典型做法。拉关木比无瓣海桑晚引进我国 14 年，但目前已经非常接近无瓣海桑的分布范围。相比国外已经有大量的关于拉关木在个体、群落和生态系统的研究，我国对外来种拉关木的研究还处于起步阶段，不管在哪一个方面的研究都显得极为有限（图 5-7）。但随着拉关木在我国引种面积和力度的迅速增长，且其表现出更强的扩散繁殖能力，已引起我国学者越来越多的关注。

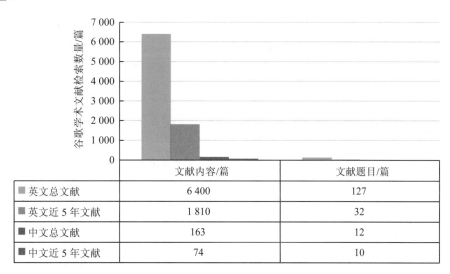

	文献内容/篇	文献题目/篇
英文总文献	6 400	127
英文近 5 年文献	1 810	32
中文总文献	163	12
中文近 5 年文献	74	10

图 5-7　基于谷歌学术的拉关木中英文文献对比

（分内容和题目包含"拉关木/ *Laguncularia racemosa*"）

5.2.3.2　拉关木入侵潜力研究

在我国，拉关木正在经历着和无瓣海桑相似的"争论不休的局面"。支持引种拉关木的一方认为，拉关木在困难立地和非宜林地可以快速成林，从而也能顺应我国大力提倡恢复红树林面积的政策需求。另外一方的学者研究显示，拉关木具有生长快速、繁殖力强、不同林龄小苗分布扩散广等特点，且在海南和广东等地普遍发现拉关木扩散进入本地红树植物群落的现象。因此，亟须注重开展对拉关木入侵潜力的系统性研究。下文综述了有关拉关木各方面的研究进展。

（1）遗传多样性。

红树林环境是一个容易受到海浪、盐、淹水、缺氧、养分等多重胁迫的环境。植物可塑性对于克服这种胁迫并建立适应机制，以使植物能够应对多重的胁迫至关重要。由于植物的固着性，它们应对和适应反复出现的生物和非生物胁迫的能力对于其生存十分重要。生存能力与种群适应度有关，这与杂合性、种群大小和定量遗传变异呈正相关。目前，国内外关于拉关木在不同生长环境下的遗传分化研究较少。遗传分化是生物适应异质生境的一种主要方式，理论上来讲，物种的遗传多样性越高，适应新环境的能力越强。Lira-Medeiros 等（2015）通过 AFLP 分子标记的方法，对比分布在河沿和近沼泽两个区域的拉关木基因突变情况，发现两者有很好的基因交流，没有出现显著的遗传分化现象。从 1999 年引种到海南东寨港的第一批 127 株拉关木小苗到现在被引种至华南沿海多个地区，拉关木在不同的生长环境下依旧表现出良好的生长势头。目前，不同生境对拉关木的遗传多样性是否有影响，及遗传多样性在拉关木对新的环境适应过程中具有怎样的潜在作用，还有待进一步的讨论与研究。

（2）生理生态适应性。

1999 年，拉关木由墨西哥拉巴斯市引入中国。拉巴斯市年平均气温 24℃，极端低温 10℃，年平均降水量 180 mm，海水盐度 30‰～60‰。但在中国的引种地，如海南东寨港、广东电白和广西北海，极端低温 2～3℃，年降水量为 1 670～1 942 mm，海水盐度低至 8‰～30‰。拉关木能够在环境改变幅度较大的情况下正常生长发育，这说明拉关木具有较强的环境适应能力。王秀丽等（2017a）的调查发现，不同林龄的拉关木落果量占全年总凋落物比例随树龄的增长而提高，落果量比例 8 年生（3.6%）＞6 年生（3.5%）＞4 年生（2.9%）。温室栽培实验条件下，拉关木根、枝、叶、果的水浸液对木榄幼苗生长的影响均具有"低促高抑"的化感作用（王秀丽等，2017b）。研究表明，拉关木水浸提液对桐花树种子萌发有抑制作用。可能是因为水浸提液中的化感物质与受体植物之间相互作用，抑制了受体植物细胞分裂、生长，改变了细胞膜的通透性，从而抑制了种子的萌发，这也是拉关木适应新生境的一种高竞争力的表现（杨珊等，2020；韩淑梅等，2010）。拉关木的光合同化能力较强，其幼苗对生境的适应能力高于海桑属植物（Cunha et al.，2006），耐盐性高于木榄和秋茄（向敏等，2016）；在沙质滩涂生长条件下，存活率拉关木（28%）＞无瓣海桑（25%）＞秋茄（22%）＞桐花树（18%）＞木榄（14%）（林文欢等，2014）；在盐胁迫条件下，拉关木的抗氧化酶活性增强，耐盐能力提高（陈坚等，2013）；拉关木的抗寒性仅次于秋茄，与桐花树、白骨壤相当（钟才荣等，2011），但持续 2℃低温胁迫下，1 年生的拉关木幼苗基本全部死亡（雍石泉等，2011）。

（3）扩散潜力。

生物入侵是一个复杂的过程，一般包括引入、存活、定植、扩散和入侵爆发阶段（高增祥等，2003）。拉关木是否能够构成入侵性，扩散是关键一步。拉关木最初是经人工引入种植至固定区域，种植后，长势旺盛，结实量巨大，其繁殖体的传播媒介主要是海水，风对繁殖体散布的距离与方向具有显著影响。卢昌义和廖宝文（2019）调查研究发现，拉关木在福建被用于控制互花米草入侵滩涂造林实践，由于其阳性植物的需光性，在引种地不会扩展到原先生长良好的本土红树植物的树林内而造成"反客为主"的入侵问题。但是，调查也发现拉关木具有扩张性，在海南东方市黑脸琵鹭保护区拉关木侵入毗邻白骨壤群落、儋州新盈拉关木侵入毗邻的白骨壤-木榄群落，既有拉关木侵入毗邻本地种红树植物群落，也有侵入到非毗邻区域的现象（刘强等，2019）。

5.2.3.3　拉关木入侵潜力综合分析

利用外来种拉关木作为先锋物种开展红树林生态修复和重建，具有显著优于本地种的积极作用，但也存在生物入侵的潜在风险。支持方对拉关木入侵潜力的研究工作主要集中在地理位置较北的福建区域，其认为拉关木虽然生长快速、繁殖力强，但种子扩散距离有限且当年生小苗难以安全越冬，入侵可能性低，对乡土红树林几乎没有入侵危害。然而，另外的一些研究表明，在已成功引种拉关木的地区，其纬度、盐度、沉积物质地多样且变化较大，说明拉关木在环境条件改变幅度较大的情况下仍能快速生长和繁殖；且其不同组织的水提物对乡土红树植物木榄、桐花树和正红树的生长发育具有明显的抑制作用，说明拉关木具有较强的竞争力，具备入侵乡土红树林的综合潜力。最新的一项研究从能量利用的角度对比分析了拉关木、无瓣海桑、秋茄和桐花树的建成成本（Li et al.，2020），结果显示在福建莆田，拉关木具有显著低于无瓣海桑和另外两个乡土种的建成成本，也就是具有高于另外 3 个红树植物的入侵潜力，这需要引起足够的重视。拉关木如果确实是具有强入侵性的外来植物，会对生态系统造成不可挽救的破坏，导致本地植物生物多样性降低、林分结构单一化等严重后果。

5.3 管理建议

5.3.1 依据法律保障生物安全

　　外来物种入侵对全球生态环境和生物多样性已经造成了严重的影响。我国优越的自然条件为外来物种入侵提供了理想的条件，目前外来入侵物种已达 283 种，其中恶性外来入侵种有几十种之多，被世界自然保护联盟（IUCN）列为世界最危险的 100 种外来入侵种里有近一半种类在我国有分布（万方浩等，2015）。我国针对外来生物入侵防治和管理起步较晚，针对保护区中外来种管理的法律法规还鲜见报道。值得庆幸的是，目前部分地方性法规已对外来种引入作出规范。例如，《海南省自然保护区条例》第三十七条已经明确规定：禁止任何单位和个人在自然保护区内引入、应用转基因生物和外来物种。《福建省湿地保护条例》第三十一条明确规定：未经有关主管部门依法批准，任何单位和个人不得在湿地范围内引进外来物种。这些条例的制定，已经为有效防止外来种的生物入侵提供了重要依据。基于此，我们建议：严格执行现有法律和规范，并适时推进国家和地方有关外来种管理的法律体系完善，进一步保障生物与生态安全。

5.3.2 自然保护区内禁种、其他区域慎种外来种

　　保护区是保护生物多样性最直接和有效的方法。在我国，自然保护区是珍稀濒危物种及特有生态系统的最后避难所。一旦保护区受到破坏，将对生物多样性保护造成不可挽回的损失。

　　在 20 世纪 80 年代全球引种造林和人工扩种的背景下，我国过去在滨海湿地大规模引种了外来植物（如互花米草等）。由于历史原因和红树林逆境造林的需要，我国多地种植了较多的无瓣海桑和拉关木，并取得一定的效果（卢昌义和廖宝文，2019）。《困难立地红树林造林技术规程》（LY/T 2972—2018）也将无瓣海桑列为可供选择的造林树种。过去 30 年来，在南方红树林区，无瓣海桑和拉关木作为优良造林树种得到大范围推广，种植区域也遍布我国主要红树林保护区。

　　从目前国际社会对外来种入侵性共识的角度来看，我们建议：在红树林自然保护区内禁止引种外来种，在保护区周边应当慎重引种外来种，需经过严密论证确保不会扩散、造成入侵后再引种。

　　根据福建九龙江口大规模的野外踏查、地形地貌和水文模型的模拟结果，以及

海南澄迈马袅的无瓣海桑通过远距离传播定植的证据，无瓣海桑的种苗可以扩散到 100 km 以外的区域。若扩散区环境条件允许，外来红树物种发生定居和建群的可能性是存在的。因此，我们建议：在保护区红线范围 100 km 以外，若涉及非宜林地造林，在充分的环境评价基础上，才可以考虑选择无瓣海桑等引入种，并适时进一步开展本地种的更替和群落结构优化。

5.3.3　建立动态监测，加强重点区域研究管理

加强完善外来种红树植物的引种地分布和面积等动态信息，建立动态网络监测平台，特别重点关注两种类型的区域：①重要自然保护区/保护地，如湛江红树林国家级自然保护区和三亚铁炉港保护区的红树林古树群落等；②地方企业等单位"私自"重建的红树林湿地，一般这种类型区域较为不起眼且难以做到及时监督管理。截至目前，外来红树植物在全国红树林的分布面积仍然是一个未知数，亟须借助卫星/无人机遥感结合实地踏查，制定统一调查标准，开展调查摸底。

我们建议严格控制现有外来红树植物的面积。对现有无瓣海桑和拉关木入侵性的监测应因地制宜，实行重点区域重点监测其种群结构和演替方式，严防扩散。以无瓣海桑为例，其原产地的气候类型和环境条件与我国东南沿海地区相近，现存人工种群的纬度跨度达 6°。从繁殖特性、扩散和建群的能力看，广东和海南等地无瓣海桑入侵潜力较大。海南东寨港等保护区内，由于乡土物种多、红树林成片分布且郁闭度好，无瓣海桑难以入侵天然林，但可占领光滩。在海南，它与杯萼海桑可发生天然杂交，这是在其他红树林区需密切关注的。广东深圳湾等地的无瓣海桑生长良好、扩散力强，也是重点监测区域。福建漳江口和九龙江口已发生无瓣海桑扩散现象，势必开展重点监测。福建仙游一带的高纬度地区冬季低温对其的早期生长存在筛选作用，入侵潜力有限。

加强对外来种扩张明显的重点区域的人为干预，试点外来种生态疏伐的方法和动态监测。对于一些外来种面积不大、数量不多的保护地，应采取果断措施予以清除，避免外来种面积扩大后导致扩散。另外，在已有外来种大面积扩散的保护地，应采取积极措施，监测扩散情况及其对保护区的影响，示范生态疏伐和清除扩散小苗工作，持续跟进处理后的监测，总结科学的经验和方法，形成合理的生态疏伐方案和控制外来种扩张方案。同时，加快研发可能的经济利用模式，变弊为利，降低其进一步扩散的可能性。

5.3.4 建立生物入侵爆发预警和防控预案

生物入侵具有时滞性。外来种在引入后的一定时间内常呈现为可管控的状态，然而一旦爆发，则难以清除和控制。滨海湿地入侵物种互花米草一开始也是作为湿地修复的物种进行全国性推广、实现远距离传播，但在 2000 年后，它在沿海各地集中爆发，已无法控制。应加强引种外来种的综合生态影响评估，横向上扩大研究区域和纵向上加强长期监测对比，综合评估外来种在不同区域和不同时间尺度的生态效应特征，科学理性评估其入侵潜力。

在原产地孙德尔本斯红树林的调查发现，先锋树种无瓣海桑在种植 50～60 年后将逐步被中高潮位的海漆（*Excoecaria agallocha*）和小叶银叶树（*Heritiera parvifolia*）取代，最终形成小叶银叶树顶级群落[①]。目前，东寨港第一代无瓣海桑林的树龄为 35 年，未来群落演替的方向不得而知。因此，未来 15～20 年对外来种群落监测十分必要。更重要的是未雨绸缪，重视生物安全，尽早建立外来种生物入侵爆发的预警系统、建立物种入侵的防控预案。一旦发生入侵，可在最短时间内降低风险。

5.3.5 加强乡土红树植物的育种工作和苗圃建设，选择乡土速生红树植树造林

近 30 年来，我国的红树林面积的恢复主要得益于外来红树植物的快速引种推广。由于使用外来种具有快速、高效和低成本的优势，反过来压制了科研机构和苗圃对乡土红树植物育种育苗的投入。目前，外来种被限制或谨慎使用的情况或许恰好可以成为做好乡土红树植物的育苗育种工作的一个契机。在未来红树林湿地恢复和造林中，应当因地制宜，选择适宜生长的乡土红树植物进行造林，将生态安全意识纳入林业管理和林业建设中。将速生、景观和生态安全共同作为新造林生态效应评估的标准。

我国天然分布的真红树植物有 26 种，半红树植物 11 种，在海南省均有分布。其中，海南的红树植物种类占全世界的 1/3，为美国全国红树植物种类的近 3 倍。文昌的八门湾有真红树植物 23 种，是全世界同规模海湾中红树植物种类最丰富的。三亚铁炉港不到 4 hm^2 的红树林有真红树植物 15 种，是全国红树植物种类最密集的地区。海南岛原生的红树植物种类中，不乏适应性强、生长速度快的优良树种。原生

---

① 资料来源：陈鹭真等 2018 年孟加拉国红树林调查报告。

于文昌八门湾、琼海谭门的海桑和杯萼海桑，生长速度不亚于无瓣海桑；从文昌到三亚均有天然分布的正红树，不仅适应性强、生长速度快，且树形美观，有望成为海南红树林人工造林的优良树种；而杂交种拟海桑和拉氏红树具有明显的杂种优势，如果能够突破其育苗技术，有望成为海南岛红树林人工造林的明星树种。因此，在海南红树林造林的物种选择上，我们优先推荐树种为正红树、海桑、杯萼海桑、红海榄、木榄、海莲等乡土树种。广东、广西和福建等地，可选择的物种随纬度的增高而减少，但均有适宜其气候类型和水文条件的乡土树种。广东和广西的红树林造林，可优先推荐选择红海榄、木榄、海莲、秋茄等乡土树种。在福建红树林造林中，我们推荐的乡土树种有木榄、秋茄、桐花树等。

5.3.6　科学管理和科普宣传并行

在造林过程中，对于物种引进，需要进行充分有效、科学严谨的评估和分析，全面、动态地考察；引进后，还需注意隔离与观察，释放后要跟踪监测，从国家生态安全的高度管理外来物种（王丰年，2005）。同时，保护区和林业部门还应当加强宣传，培养全民预防生物入侵的意识；发挥介于政府与公众之间的民间环保团体以及学术界的作用，做好科学普及工作。

在外来种造林和人工林生态效益评估方面，需要全民认知和全民防范：政府在政策上引导，学者在知识上积累数据，职能部门在规章制度上主导，普通民众对外来入侵种给予关注，这些是防范外来种入侵必不可少的环节。建立生态安全的道德规范，将个人行为与全社会的公众生态利益结合起来；避免无意地引入危险外来物种，尽可能使用当地物种，真正让社会各界意识到管控外来物种是全民生态安全的组成部分，把外来物种防治措施变为自觉行动，才能从根本上减少外来入侵物种的生态风险。

参考文献

蔡立哲，许鹏，傅素晶，等.2012.湛江高桥红树林和盐沼湿地的大型底栖动物次级生产力[J].应用生态学报，23（4）：965-971.

陈长平，王文卿，林鹏，等 2000.盐度对无瓣海桑幼苗的生长和某些生理生态特性的影响[J].植物学报，17（5）：457-461.

陈鹭真，王文卿，张宜辉，等.2010.2008年南方低温对我国红树植物的破坏作用[J].植物生态学报，34（2）：186-194.

陈鹭真，钟才荣，陈松，等.2019. 海口湿地红树林篇[M]. 厦门：厦门大学出版社.

陈坚，李妮亚，刘强，等.2013. NaCl 处理下两种引进红树的光合及抗氧化防御能力[J]. 植物生态学报，37（5）：443-453.

陈小勇，林鹏.1999. 我国红树林对全球气候变化的响应及其作用[J]. 海洋湖沼通报，（2）：11-17.

陈玉军，廖宝文，彭耀强，等.2003. 红树植物无瓣海桑北移引种的研究[J]. 广东林技，（2）：9-12.

陈远合，肖泽鑫，彭剑华，等.2010. 粤东海桑、无瓣海桑、拉关木冻害调查报告[J]. 防护林科技，（4）：15-17.

刁俊明，陈桂珠.2008. 光强对无瓣海桑幼苗的生长和光合特性的影响[J]. 林业科学研究，21（4）：492-496.

杜晓娜.2012. 不同纬度外来红树无瓣海桑和乡土红树秋茄的叶片性状研究[D]. 厦门：厦门大学.

范航清，何斌源，韦受庆.2000. 海岸红树林地沙丘移动对林内大型底栖动物的影响[J]. 生态学报，（5）：722-727.

范航清，黎广利，周浩郎.2015. 广西北部湾典型海洋生态系统：现状与挑战[M]. 北京：科学出版社.

高增祥，季荣，徐汝梅，等.2003. 外来种入侵的过程，机理和预测[J]. 生态学报，（3）：559-570.

顾凯利，2017. 海南东寨港红树植物群落间蟹类的分布特点及影响因素[D]. 厦门：厦门大学.

管伟，廖宝文，邱凤英，等.2009. 利用无瓣海桑控制入侵种互花米草的初步研究[J]. 林业科学研究，22（4）：603-607.

韩淑梅，李妮亚，何平，等.2010. 引种红树与中国乡土红树幼苗光合特性研究[J]. 西北植物学报，30（8）：1667-1674.

韩维栋，蔡英亚，刘劲科，等.2003. 雷州半岛红树林海区的软体动物[J]. 湛江海洋大学学报，（1）：1-7.

胡懿凯，徐耀文，薛春泉，等.2019. 广东省无瓣海桑和林地土壤碳储量研究[J]. 华南农业大学学报，40（6）：95-103.

黄敏参，杜晓娜，廖蒙蒙，等.2012. 东南沿海潮间带防护林主要树种的光合特性及水分利用策略[J]. 生态学杂志，31（12）：2996.

李滨，2016. 北海地区红树植物拉关木的引种效果调查研究[J]. 大科技，（12），187-188.

廖宝文，郑松发，陈玉军，等.2004. 几种红树林植物在深圳湾的引种驯化试验[J]. 林业科学，40（2）：178-182.

廖宝文，郑松发，陈玉军，等.2006. 海南东寨港几种国外红树植物引种初报[J]. 中南林学院学报，（3）：63-67.

李玫，廖宝文，2008. 无瓣海桑的引种及生态影响[J]. 防护林科技，（3）：101-102.

李玫，廖宝文，郑松发，等. 2004. 无瓣海桑的直接引入对次生桐花树群落的扰动[J]. 广东林业科技，（3）：21-23.

李旭林，彭逸生，万如，等. 2010. 两种相手蟹对不同红树植物叶片取食的偏好性[J]. 生态学报，30（14）：3752-3759.

李元跃，段博文，陈融斌，等. 2011. 红树植物无瓣海桑北移种植的生长适应研究[J].泉州师范学院学报，29（6）：20-24..

李云，郑德璋，廖宝文，等. 1997，盐度与温度对红树植物无瓣海桑种发芽的影响[J]. 林业科学研究，10：137-144.

梁士楚，梁铭忠，吴苑玲，等. 2005. 深圳福田海桑+无瓣海桑自然林的空间结构分析[J].广西植物，（5）：393-398.

林鹏. 1997. 中国红树林生态学[M]. 北京：科学出版社.

林鹏，沈瑞池，卢昌义. 1994. 六种红树植物的抗寒特性研究[J]. 厦门大学学报（自然科学版），（2）：249-252.

林文欢，詹潮安，郑道序，等. 2014. 粤东沙质滩涂6种红树林树种造林试验研究[J]. 林业与环境科学，30（2）：69-71.

刘莉娜，胡长云，李凤兰，等. 2016. 无瓣海桑群落特征研究[J]. 沈阳农业大学学报，47（1）：41-48.

刘强，张颖，钟才荣，等. 2019. 外来红树植物拉关木入侵性研究[J]. 湖北农业科学，58（21）：60-64，67.

卢昌义，廖宝文，2019. 对外来红树植物无瓣海桑和拉关木生态作用的思考[J]. 湿地科学，17（6）：682-688.

马坤. 2011. 海南东寨港红树林湿地大型底栖动物多样性的研究[D]. 海口：海南大学.

马嫱，陈焜. 2016. 新引种速生红树植物对某些重金属净化能力初步研究[J]. 防护林科技，（6）：5-7.

潘辉，薛志勇，陈国荣，等. 2006. 无瓣海桑造林是否造成九龙江口生物入侵的探讨[J]. 湿地科学与管理. 2（2）：51-55.

潘良浩，史小芳，曾聪，等. 2018. 广西红树林的植物类型[J]. 广西科学，25（4）：352-362.

彭聪姣，钱家炜，郭旭东，等. 2016. 深圳福田红树林植被碳储量和净初级生产力[J]. 应用生态学报，（7）：2059-2065.

彭逸生，李皓宇，曾瑛，等. 2015. 广东韩江三角洲地区红树林群落现状及立地条件[J]. 林业科学，51（12）：103-112.

谭芳林，卢昌义，林捷，等. 2018. 福建省外来红树植物引种及扩散状况调研报告[J].福建林业，（4）：28-33.

邱霓，徐颂军，邱彭华，等. 2017. 南沙湿地公园红树林物种多样性与空间分布格局[J]. 生态环境学报，26（1）：27-35.

唐以杰，方展强，何清，等. 2015. 无瓣海桑与乡土红树植物混交对林地大型底栖动物的影响[J]. 生态学报，35（22）：7355-7366.

万方浩，侯有明，蒋明星. 2015. 入侵生物学[M]. 北京：科学出版社.

王伯荪，廖宝文，王勇军，等，2002. 深圳湾红树林生态系统及其持续发展[M]. 北京：科学出版社.

王丰年. 2005. 外来物种入侵的历史、影响及对策研究[J]. 自然辩证法研究，21（1）：77-81.

王秀丽，卢昌义，周亮，等. 2017. 外来红树植物拉关木对木榄的化感作用[J]. 厦门大学学报（自然科学版），56（3）：339-345.

王秀丽，周亮，许诗琳，等. 2017. 福建九龙江口不同林龄拉关木人工林凋落物组成及季节动态[J]. 应用海洋学学报，36（4）：519-527.

吴地泉. 2016. 漳江口红树林国家级自然保护区无瓣海桑的扩散现状研究[J]. 防护林科技，（7）：33-35.

向敏，刘强，李妮亚，等. 2016. 引进红树拉关木和两种乡土红树离子平衡及光合作用的比较研究[J]. 广西植物，36（4）：387-396.

解焱，李振宇，汪松，1996. 中国入侵物种综述[M]. 见：汪松，谢彼德，解焱. 保护中国的生物多样性（二）. 北京：中国环境科学出版社. 91-106.

晏婷. 2012. 外来无瓣海桑和乡土红树群落中大型底栖动物食物来源的比较研究[D]. 厦门：厦门大学.

杨珊，刘强，王炳宇，等. 2020. 外来红树植物拉关木对乡土种桐花树和正红树的化感作用研究[J]. 广西植物，40（3）：356-366.

杨盛昌，林鹏. 1998. 潮滩红树植物抗低温适应的生态学研究[J]. 植物生态学报. 22：60-67.

雍石泉，仝川，庄晨辉，等. 2011. 2010 年冬季寒冷天气对闽江口 3 种红树植物幼苗的影响[J]. 生态学报，31（24）：7542-7550.

昝启杰，王伯荪，王勇军，等. 2003. 深圳湾红树林引种海桑，无瓣海桑的生态评价[J]. 植物学报，45（5）：544-551.

张方秋，潘文，周平，等. 主编，2012. 广东生态景观树栽培技术[M]. 北京：中国林业出版社.

章慧. 2016. 海南东寨港红树林生境异质性对软体动物多样性的影响[D]. 厦门：厦门大学.

张苏玮，2010. 漳浦县滨海湿地红树林生态恢复措施[J].安徽农学通报，16（1）：161-163，179.

张苇，廖宝文，刘滨尔.2013. 水东湾困难立地滩涂红树林生长表现分析[J]. 防护林科技，（11）：1-3.

钟才荣，李诗川，杨宇晨，等. 2011. 红树植物拉关木的引种效果调查研究[J]. 福建林业科技，38（3）：96-99.

钟燕婷，张再旺，唐以杰，等. 2011. 淇澳岛两种红树林区大型底栖动物群落比较[J]. 生态科学，30（5）：493-499.

祝阁. 2013. 海南东寨港红树林软体动物生态研究[D]. 厦门：厦门大学.

曾雯珺，廖宝文，陈先仁，等. 2008，无瓣海桑与三种乡土红树植物混交的生态效应[J]. 生态科学，27（1）：31-37.

曾雪琴，陈鹭真，谭凤仪，等. 2008. 深圳湾引种红树植物海桑的幼苗发生和扩散格局的生态响应[J]. 生物多样性. 16（3）：236-244.

Ballment E，Smith T I，Stoddart J . 1988. Sibling species in the mangrove genus Ceriops （Rhizophoraceae），detected using biochemical genetics[J]. Australian Systematic Botany，1（4）：391-397.

Chen L，2019. Invasive plants in coastal wetlands：patterns and mechanisms[M]. Wetlands：Ecosystem Services，Restoration and Wise Use. Springer，Cham，97-128.

Chen L，Feng H，Gu X，et al.，2020. Linkages of flow regime and micro-topography：prediction for non-native mangrove invasion under sea-level rise[J]. Ecosystem Health and Sustainability，1-14.

Chen L，Tam N F Y，Huang J，et al.，2008. Comparison of ecophysiological characteristics between introduced and indigenous mangrove species in China[J]. Estuarine，Coastal and Shelf Science，79（4）：644-652.

Chen L，Tam N F Y，Wang W，et al.，2013. Significant niche overlap between native and exotic Sonneratia mangrove species along a continuum of varying inundation periods[J]. Estuarine，Coastal and Shelf Science，117（20）：22-28.

Chen L，Wang W，Li Q Q，et al.，2017a. Mangrove species' responses to winter air temperature extremes in China[J]. Ecosphere，8（6）.

Chen L，Wang W，Zhang Y，et al.，2009. Recent progresses in mangrove conservation，restoration and research in China[J]. Journal of Plant Ecology，2（2）：45-54.

Chen L，Yan T，Xiong Y，et al.，2017b. Food sources of dominant macrozoobenthos between native and non-native mangrove forests：A comparative study[J]. Estuarine，Coastal and Shelf Science，187：160-167.

Chen L，Zeng X，Tam N F Y，et al.，2012. Comparing carbon sequestration and stand structure of monoculture and mixed mangrove plantations of Sonneratia caseolaris and S. apetala in Southern China[J]. Forest Ecology and Management，284：222-229.

Cunha S R，Tognella-De-Rosa M M，Costa C S，2006. Salinity and flooding frequency as determinant of mangrove forest structure in Babitonga Bay，Santa Catarina State，Southern Brazil[J]. Journal of Coastal Research，SI（39）：1175-1180.

Donato G. 2011. Helmet for displaying environmental images in critical environments[P]. US.

Duke N C，2017. Mangrove floristics and biogeography revisited：further deductions from biodiversity hot spots，ancestral discontinuities，and common evolutionary processes[M]//Mangrove ecosystems：A global biogeographic perspective. Springer，Cham，17-53.

Duke N C，Ball M C，Ellison J C，1998. Factors influencing biodiversity and distributional gradients in mangroves[J]. Global Ecology and Biogeography Letters，7：27-47.

Feng J，Cui X，Zhou J，et al.，2019. Effects of exotic and native mangrove forests plantation on soil organic carbon，nitrogen，and phosphorus contents and pools in Leizhou，China[J]. Catena，180：1-7.

He Z，Xu S，Zhang Z，et al.，2020. Convergent adaptation of the genomes of woody plants at the land–sea interface[J]. National Science Review，7（6）：978-993.

Krauss K W，McKee K L，Lovelock C E，et al.，2014. How mangrove forests adjust to rising sea level[J]. New Phytologist，202（1）：19-34.

Li F L，Zhong L，Cheung S G，et al.，2020. Is Laguncularia racemosa more invasive than Sonneratia apetala in northern Fujian，China in terms of leaf energetic cost？[J]. Marine Pollution Bulletin，152：110897.

Li F，Yang Q，Zan Q，et al.，2011. Differences in leaf construction cost between alien and native mangrove species in Futian，Shenzhen，China：implications for invasiveness of alien species[J]. Marine pollution bulletin，62（9）：1957-1962.

Lira-Medeiros C F，Cardoso M A，Fernandes R A，et al.，2015. Analysis of genetic diversity of two mangrove species with morphological alterations in a natural environment[J]. Diversity，7（2）：105-117.

Lu W，Yang S，Chen L，et al.，2014. Changes in carbon pool and stand structure of a native subtropical mangrove forest after inter-planting with exotic species Sonneratia apetala[J]. PLoS One，9（3）：e91238.

Lunstrum A，Chen L，2014. Soil carbon stocks and accumulation in young mangrove forests[J]. Soil Biology and Biochemistry，75：223-232.

Osland M J，Gabler C A，Grace J B，et al. 2018. Climate and plant controls on soil organic matter in coastal wetlands[J]. Global Change Biology，24（11）：5361-5379.

Peng D，Chen L，Pennings S C，et al.，2018. Using a marsh organ to predict future plant communities in a Chinese estuary invaded by an exotic grass and mangrove[J]. Limnology and Oceanography，63（6）：2595-2605.

Rabinowitz D，1978. Dispersal properties of mangrove propagules[J]. Biotropica，47-57.

Reichard S H，Hamilton C W，1997. Predicting invasions of woody plants introduced into North America：Predicción de Invasiones de Plantas Leñosas Introducidas a Norteamérica[J]. Conservation Biology，11（1）：193-203.

Ren H，Jian S，Lu H，et al.，2008. Restoration of mangrove plantations and colonisation by native species in Leizhou bay，South China[J]. Ecological Research，23（2）：401-407.

Ren H，Lu H，Shen W，et al.，2009. Sonneratia apetala Buch. Ham in the mangrove ecosystems of

China: An invasive species or restoration species? [J]. Ecological Engineering, 35(8): 1243-1248.

Saintilan N, Wilson N C, Rogers K, et al., 2014. Mangrove expansion and salt marsh decline at mangrove poleward limits[J]. Global change biology, 20 (1): 147-157.

Siddiqi N A, 2001. Mangrove forestry in Bangladesh[M]. Bangladesh Nibedan Press.

Song L Y, Ni G Y, Chen B M, et al., 2007. Energetic cost of leaf construction in the invasive weed Mikania micrantha HBK and its co-occurring species: implications for invasiveness[J]. Botanical Studies, 48 (3): 331-338.

Tomlinson P B, 2016. The Botany of Mangroves[M]. Cambridge: Cambridge University Press.

Urrego L E, Polanía J, Buitrago M F, et al, 2009. Distribution of mangroves along environmental gradients on San Andres Island (Colombian Caribbean) [J]. Bulletin of Marine Science, 85 (1): 27-43.

Van der Stocken T, Wee A K S, De Ryck D J R, et al., 2019. A general framework for propagule dispersal in mangroves[J]. Biological Reviews, 94 (4): 1547-1575.

Wilkie M L, Fortuna S, Souksavat O .2021. 0903-B2 Changes in World Mangrove Area[J].

Zhong C, Li D, Zhang Y, 2020. Description of a new natural Sonneratia hybrid from Hainan Island, China[J]. PhytoKeys, 154: 1.

第 6 章

中国红树林生态养殖

海洋经济动物养殖与捕捞是红树林周边社区居民主要的收入来源。传统的养殖不仅侵占了大面积的红树林，养殖排污也已经成为我国近海主要的污染源之一，频繁的人类活动对水鸟的栖息与觅食也造成了干扰，相当一部分区域存在过度捕捞问题。生态养殖是解决现有养殖业困境的途径之一。本章在分析传统养殖对红树林影响的基础上，总结现有生态养殖模式的优缺点，并推荐一些具有发展前景的养殖模式。

6.1 传统养殖对红树林的影响

红树林区的水产养殖方式主要是围塘养殖和滩涂养殖。围塘养殖是将红树林砍伐后筑堤成塘，养殖对象主要是对虾、蟹、鱼及贝类。滩涂养殖是在红树林外缘滩涂养殖缢蛏、泥蚶、牡蛎等。此外，在浅水水域还有一定面积的网箱养殖和吊养牡蛎（图 6-1）。

图 6-1 广西合浦山口红树林外滩涂牡蛎养殖（左）和广东雷州通明河口牡蛎吊养（右）

（图片来源：王文卿）

围塘养殖被认为是对红树林最大的威胁，一是围塘养殖直接破坏了大面积的红树林，二是养殖污染。

6.1.1　传统围塘养殖直接破坏了大面积的红树林

20 世纪 80 年代以来，在政府的鼓励下，东南亚国家对虾养殖业蓬勃发展。泰国、印度尼西亚、菲律宾、马来西亚、缅甸、印度及孟加拉国大面积的红树林被改造为鱼塘。1976—1992 年，湄公河地区的对虾养殖面积增长了 3 500%，至 2000 年，导致越南 2/3 的红树林丧失（周浩郎，2017）。泰国 64% 的红树林破坏是由围塘养殖引起的（Matsui et al.，2010）。东南亚国家超过 120 万 hm² 的红树林被改造为鱼塘，这导致东南亚地区红树林面积急剧下降（Richards & Friess，2016）。遥感研究结果表明，全球 50% 以上的红树林面积下降是由围塘养殖造成的（Kuenzer et al.，2011；Valiela et al.，2001）。围塘养殖是全球红树林面积急剧下降的最主要原因，也是对红树林的最大威胁（图 6-2）。

图 6-2　毁林养殖是 20 世纪 80 年代以来中国及东南亚国家红树林破坏的最主要因素

（图片来源：王文卿）

在中国，也存在类似的情况。1964—2015 年，海南文昌八门湾的红树林面积减少了 1 594.98 hm²，其中转化成养殖水面的面积为 1 415.51 hm²（徐晓然等，2018）。1980—2000 年，广西沿海红树林被破坏 1 464.1 hm²，95% 用于修建鱼塘（国家林业局森林资源管理司，2002）。1980—2000 年，我国共消失了 12 923.7 hm² 的红树林，其中 97.6% 用于修建虾塘（国家林业局森林资源管理司，2002）。1999 年，广西合浦县闸口镇的毁林修塘事件成为中国毁林养虾的终结点，中国历史上第一次出现了因为破坏红树林而遭判刑的案例（中国人与生物圈国家委员会和广西壮族自治区海洋局，2011）。1980—2000 年，中国红树林面积从 3.37 万 hm² 下降到 2.20 万 hm²，下降了 34.7%。2000 年以后，我国大规模的毁林养殖被基本制止（王文卿和王瑁，2007）。

6.1.2 养殖污染问题至今缺乏有效的解决手段

清塘过程是鱼塘主要的污染排放途径（见第 2 章）。由于沿海鱼塘排放的养殖污水含有较高浓度的盐分，无法通过普通的污水处理厂处理，况且很多鱼塘地处偏远，建设耗资巨大的污水收集管网也不现实。大量人工模拟实验结果表明，红树林湿地对养殖废水有较强的净化能力，利用红树林湿地构建的人工污水处理系统可以在一定程度上处理养殖污水（仇建标等，2019；佘忠明等，2005）。红树林人工湿地处理海水养殖尾水效果明显好于无植物人工湿地（虞丹君等，2018）。

由于各地水文、植被差异很大，还无法准确计算出自然条件下单位面积红树林的污染物净化能力。因此，如果控制好红树林面积与鱼塘面积比例，就可以使红树林湿地完全处理养殖污水，同时发挥红树林湿地的生态效益，在保护红树林的同时，养殖户也能实现较好的收成（Hopkins et al.，1993）。在菲律宾，需要 2～9 hm² 红树林才能过滤或吸收 1 hm² 精养虾池排放的氮和磷（Primavera et al.，2007）。有专家建议红树林区养殖塘面积的比例控制在 20% 以下（Saenger et al.，1983）。遥感监测结果表明，2016 年福建、广东、广西、海南 4 省（区）海岸带养殖塘面积为 64.2 万 hm²（Ren et al.，2019），而这 4 省（区）红树林面积为 24 607 hm²（王瑁等，2019），鱼塘面积是红树林的 26 倍，因此现有红树林不足以消纳鱼塘排放的大量污染物。

人工湿地作为一种新兴污水处理工艺，具有高效、低成本等优点。在鱼塘周边设置人工湿地，种植红树林或其他耐盐水生植物，以处理鱼塘排放的养殖污水，是值得考虑的方向。但因缺乏能够在高盐环境中生存的湿地植物，因此该工艺应用于高盐污水处理还存在诸多难题。基于对我国南方海岸及海岛的大量野外调查及文献调研，李芊芊等（2017）依据生理指标、形态指标、经济成本和应用潜力等，筛选出包括红树植物在内的耐盐、耐水湿、耐污、净化能力强、生长快、生物量大、栽培简单、分布广泛并具有景观效果的南方滨海耐盐植物 23 种，这为建设人工湿地处理沿海鱼塘高盐污水提供了可能。

除红树林等高等植物外，也有利用贝类过滤、藻类吸收污染物的综合处理工艺。早些年，国外提出了沉积—贝类过滤—藻类处理系统（Jones et al.，2001）和以耐盐碱植物作为生物过滤器降低海水养殖废水中氮、磷含量的方法（Brown et al.，1999）。这两种方法成本低廉、效果好，非常适合在发展中国家应用推广。目前，国内针对海水对虾养殖塘排放废水处理的实际工程案例还比较少见。在海南省海洋与渔业科学院的技术支持下，海南陵水德林诚信水产养殖有限公司构建了包括大型藻类、海水浮床、滤食贝类、微生物的综合处理设施，运行效果良好（图 6-3）。但作为一个实验性的设置，存在造价高、高等植物种类选择不当、不能处理清塘污水等问题。此外，这种模式仅对于公司化运作且鱼塘分布集中的养殖区具有优势。但目前国内大部分海水养殖鱼塘的现实情况是分散和以个体养殖户小面积养殖为主要模式。因此，迫切需要构建投资少、运行成本低、不仅能够处理鱼塘换水过程中排放的污水，还可以消纳鱼塘清塘过程中集中排放的超高浓度养殖污水的系统。海南省农业农村厅编制的《海南省养殖水域滩涂规划（2018—2030）》提出要构建适应生态渔业发展的技术支撑体系，建设循环水工厂化养殖产业园区、实施生态养殖池塘改造，大力推广海水鱼虾贝混养。这显示了地方政府对技术的强烈需求。

图 6-3　包括大型藻类、海水浮床、滤食贝类、微生物的海水养殖尾水综合处理设施

（图片来源：王文卿）

因此，需结合我国各地红树林分布特征，实施基于红树林湿地的水质净化潜能和食物供给而构建的红树林种植-养殖耦合系统模式，以期达到红树林保护和养殖户增收双重目的。海水养殖污染的治理还处于基础研究阶段，迫切需要占地小、造价低、易维护的污染物处理设施，目前比较可行的思路是利用耐盐植物构建人工湿地和清塘污泥资源化利用。

6.1.3 传统围塘养殖是不可持续的养殖

由于缺乏操作简单且高效的鱼塘排污处理手段，目前绝大部分的鱼塘污染物没有被及时处理。对虾养殖排污及虾病暴发，导致大量的虾塘废弃（Johnson et al.，2007）。大量调查表明，围塘养殖 5 年后，东南亚国家粗放管理的鱼塘多因虾病暴发而废弃（Hossain，2001；Sathirathai & Barbier，2001）。在菲律宾，虾塘堤岸受频繁的台风破坏及日益严重的病害导致养殖效益低下，存在大面积的废弃虾塘（Duncan et al.，2016；Primavera et al.，2014，2011；Samson and Rollon，2011）。根据印度尼西亚林业部门的统计，2015 年印度尼西亚 37%的鱼塘被废弃，废弃鱼塘总面积达25 万 hm^2（Gusmawati et al.，2018；Proisy et al.，2018）。据报道，泰国、马来西亚、斯里兰卡等国的一些海湾或区域均有 60%以上的鱼塘被废弃（Bournazel et al.，2015；Hossain & Gallardo，2009；Choo，1996）。

我国南方省份养殖户采取了池塘底部铺设地膜的高位池养殖方式精细管理鱼塘，成功避免了东南亚国家鱼塘"5 年寿命"的问题。但由于养殖规模实在太大且缺乏有效的养殖污染处理手段（Ren et al.，2019；Wu et al.，2014），南方省份的海水虾塘养殖陷入了"规模扩大—养殖污染加剧—环境恶化—病害频发—效益下降"的恶性循环，养殖成功率长期徘徊在 35%左右，30%的虾塘因为连续绝收而不得不闲置或废弃（范航清等，2017）（表 6-1）。

表6-1　2014 年中国大陆南方省份沿海虾塘面积估算（范航清等，2017）

省份	养殖虾塘面积/hm^2	虾塘总面积/hm^2	虾塘闲置率/%
浙江	32 025	45 750	30
福建	29 949	46 075	35
广东	72 641	85 460	15
广西	20 307	46 152	56
海南	12 665	16 887	25
合计	167 587	240 324	30.3

　　传统的围塘养殖在直接破坏了大面积红树林的同时，还造成严重的养殖污染问题。围塘养殖是中国红树林面临的主要威胁，清塘排污是围塘养殖的主要为害方式。消解围塘养殖威胁的主要手段，一方面是退塘还林/湿，另一方面是创新养殖模式，实现生态、经济共同发展。

6.2　生态养殖

　　除红树林的高初级生产力为林区各类群生物及周边居民源源不断提供食物外，红树林还具有较强的水体净化功能，且对病原微生物有抑制作用。它对水体中的重金属、氮、磷等有较强的吸收容纳能力，可以缓解近海水体的富营养化效应，减少赤潮的发生（王文卿和王瑁，2007）。凡是有大面积红树林的地区，水产养殖生物病害发生的频率与规模远低于无红树林区。据湛江高桥红树林区海堤内鱼塘试验，用经过红树林净化过滤的海水养殖对虾，虾病少、成活率高、产量高（王文卿和王瑁，2007）。2020 年 1 月，在海南东寨港的调查发现，在实施大规模退塘还林/湿后，现有的海南东寨港国家级自然保护区外围的少量鱼塘，由于周边大面积的红树林存在，没有特别培训的养殖户对虾养殖成功率几乎达到 100%，这与海南三亚铁炉港养殖成功率不超过 30% 形成鲜明对比。

　　基于红树林湿地的水质净化潜能和食物供给而构建的红树林种植-养殖耦合系统，既可以利用红树植物降低污染物含量以满足养殖要求，又能实现红树林的修复和保育，因此而受到一定程度的关注（仇建标等，2019；徐华林等，2012；佘忠明等，2005）。其主要模式如下。

6.2.1　鱼塘内红树林

　　在鱼塘中人工种植或挖塘时刻意保留一定面积的红树林（图 6-4）。在"863"项目的支持下，中山大学陈桂珠教授在广东深圳海上田园开展了迄今为止我国规模最大的红树林种植-养殖耦合系统实验。结果发现，与没有种植红树林的鱼塘相比，种植红树植物的养殖塘水质均有不同程度的改善，鱼类病害也少，其中以种植比例为45%的桐花树的养殖塘水质最好，鱼类生长速度最快（佘忠明等，2005）。在广东饶平，采用木榄、桐花树、秋茄等 3 种乡土树种和外来树种无瓣海桑，每一红树植物分别按红树林种植岛面积与试验塘面积之比为 15% 种植，结果发现，种植红树植物的养殖塘水质均有不同程度的改善，除无瓣海桑种植塘外，其他红树植物种植塘中华乌塘鳢的生长均优于对照塘，尤其是桐花树和木榄种植塘效果较好（陈康等，

2017)。2020 年 1 月，在海南万宁小海的调查发现，在养殖青蟹的鱼塘周边种植红树林，可以通过遮阴而降低水温，提高青蟹的成活率。

图 6-4　鱼塘内保留适当面积的红树林，可以达到红树林保护与养殖户增收的双重目的

（图片来源：王文卿）

目前在整个亚洲实行的综合红树林养殖系统包括中国香港传统的基围和印度尼西亚的池塘（tambak）、印度尼西亚的森林渔业（silvofisheries）、越南的混合红树林-虾场系统、菲律宾的水产养殖和马来西亚的红树林围栏（Primavera，2000；Bagarinao & Primavera，2005）。值得一提的是印度尼西亚的东爪哇的间作池塘（Tambak tumpang sari）系统，该系统有意在鱼塘中间留下一定面积的红树林，被证明是良性的，对红树林保护、水鸟栖息地保护和养殖户增收都是有益的（Erftemeijer & Djuharsa，1988）。

但是，由于水位控制缺乏科学指导，鱼塘内红树林的生态养殖模式还有很多问题需要解决。2006—2009 年，对海南文昌、儋州、澄迈等地鱼塘内红树林的调查发现，多数地方鱼塘内原生的或人工种植的红树林均存在明显的衰退现象（图 6-5）。深圳海上田园为国内第一个科学设计的红树林种植-养殖耦合系统，初期是成功的，但因周边整体环境恶化及缺乏科学的系统运行模式等，虽然修复区水体和沉积物营养盐和重金属含量显著低于对照河道区，但各修复区池塘水质均未达到国家海水二类水质标准，不能满足水产养殖用水要求。这说明修复工程并未对湿地退化生境带来显著恢复，仅适度改善了红树林植物的群落结构和健康状况（冯建祥等，2017）。

图 6-5　因水位管控不当，鱼塘内红树林死亡（海南儋州新盈）（图片来源：王文卿）

从理论上讲，鱼塘内种植红树林是一种兼顾生态与经济的模式，有较大的发展潜力。但由于缺乏基础理论与应用研究，尤其是如何结合养殖对象的需求和红树植物种类的需求，提出操作简便的鱼塘水位调控方案，这一关键问题没有解决，短期内推广还有困难。此外，现有鱼塘中红树林种植技术、养殖过程中生物多样性的保护方案，都是迫切需要解决的问题。

广西红树林研究中心范航清等提出的"纳潮池塘养殖"是红树林内鱼塘养殖模式的国内优化版。我国华南沿海地区拥有利用池塘收集涨潮海水带来的野生天然苗种进行粗放养殖的传统。涨潮时进水、退潮时排水是纳潮养殖的特点；通过控制水门闸板在养殖期间长期保存足够深的水体，即高"基础水位"是关键环节。一般而言，基础水位比潮间带滩涂高 1.3～1.5 m。

纳潮养殖的优点是自然环保，养殖产品较生态，但也存在 3 个主要不足之处。首先，间歇性水淹是红树林生长的必要条件，但是高基础水位形成长期过深的水体环境，无法生长红树林，极大地限制了池塘内红树林的可恢复空间。其次，与自然海区频繁地进行水体交换会影响池塘水质与生物环境的稳定性，难以进行高密度可控的集约化养殖，产量较低。最后，部分野生鱼苗可进入池塘，养殖物种的种群结构和数量的不确定性较高。香港及珠江三角洲的红树林区"基围养殖"原理是"纳潮池塘养殖"，只是基础水位与水体交换频度与程度有其特殊要求。

纳潮池塘养殖的高基础水位可提高养殖容量与产量，但难以恢复红树林；低基础水位虽然创造了更大的红树林恢复空间，但降低了养殖容量，在冬季和夏季甚至可由于极端水质条件而危及养殖对象的生存，如极端温度。为了缓解上述矛盾，寻求平衡点，获取较好的生态经济效益，广西红树林研究中心设计了庇护沟、遮阴浮床等设施和捕大放小的管理方法，进行了 3 年的野外试验。

纳潮生态混养试验在广西北仑河口国家级自然保护区珍珠湾内的实验区开展。试验用毁弃虾塘为 20 世纪 80 年代砍伐红树林围海而成的陆基土塘，后因连续多年养殖失败而荒废。毁弃虾塘海侧为潮间带天然红树林，陆侧为农田，两翼为陆生树林（图 6-6）。毁弃虾塘占地面积 1.192 7 hm²，塘底面积 0.865 3 hm²，通过水门与自然海区连通。如果没有水门控制，让海水自由进出，虾塘内的水体在高潮期可达 2 m 深，低潮期塘底裸露。养殖户以往长期保持 1.5 m 左右的基础水位进行对虾养殖，塘内无红树林生长。

A—遮阴浮床；B—红树植物苗圃；C—半红树植物小岛；D—水门；

E—红树林地埋管道原位养殖系统；F—原生红树林；G—陆地人工林

图 6-6　退潮时生态纳潮生态混养塘及周边形势（图片来源：范航清）

低水位时为了给鱼类提供充分与稳定的水体，在虾塘底部挖掘了庇护沟（图 6-7）。庇护沟分主沟和支沟。主沟与水门连接，有利于水体交换和捕获。庇护沟挖掘出的土方主要用于提高一部分塘底的高程，为红树林生长创造适宜生境，少部分用于加固塘堤。塘堤用耐盐植物海马齿护坡，以减少水土流失，改善景观。

图 6-7　纳潮生态混养塘的庇护沟（图片来源：范航清）

夏季低基础水位时，水体高温会严重威胁鱼类的生长甚至生存。为了给鱼类提供局部的稳定环境，降低风险，在庇护沟区邻近水面布设遮阴浮床，挂植海马齿。

传统纳潮养殖的基础水位一般为 1.3～1.5 m（水深），本试验将基础水位设为 0.5 m，为红树林在部分塘底的生长创造条件。纳潮生态混养塘每日随潮汐进排水，即在 15 天的潮汐周期内，纳潮生态混养塘塘底的最小水深 0.5 m，最大水深 2 m；主庇护沟的最小水深 1.7 m，最大水深 3.2 m。

根据已有经验和人工鱼苗的市场供应情况，选择了 7 个肉食性物种和 2 个杂食性物种的人工苗进行混养。肉食性品种为黄鳍鲷（*Sparus latus*）、日本花鲈（*Lateolabrax japonicus*）、美国红鱼（*Sciaenops ocellatus*）、赤点石斑（*Epinephelus akaara*）或青石斑（*Epinephelus awoara*）、斑节对虾（*Penaeus monodon*）、细鳞鯻（*Therapon jarbua*）、珍珠龙胆石斑鱼（*Epinephelus fuscoguttatus*♀×*E.lanceolatus*♂）；杂食性品种为大鳞鲻（*Liza macrolepis*）和金钱鱼（*Scatophagus argus*）。

投喂的饵料为膨化配合浮性饲料。每月平均投饵日数在 17 天左右。年均投饵量 1 968.49 kg/hm²，日均 5.39 kg/hm²。

2017 年 12 月 23 日开始，根据市场需求进行了不定期的捕获，抓大放小，即大的出售、小的继续养殖。2020 年 1 月 4 日，用人工拉网对池塘和庇护沟的鱼类进行皆捕后结束本次试验。3 年内渔获的总尾数为 7 362 尾/hm²，总生物量为 2 072 kg/hm²，年均生产力为 691 kg/hm²。黄鳍鲷的生物量最高，达到 731 kg/hm²，其次分别是美国红鱼（620 kg/hm²）、日本花鲈（384 kg/hm²）和大鳞鲻（210 kg/hm²）。野生种、赤点石斑、金钱鱼的渔获生物量为 28～62 kg/hm²。饵料效率为 35.09%。

渔获结果表明，黄鳍鲷鱼苗的成活率最高（38.2%），其次是美国红鱼（24.6%）、日本花鲈（18.6%）和大鳞鲻（11.2%）。金钱鱼、赤点石斑和细鳞鯻鱼苗的成活率极低，为 0.01%～1.96%。渔获中未发现斑节对虾和珍珠龙胆石斑鱼，说明这两个物种不适合纳潮生态混养。试验发现鲻鱼（*Mugil cephalus*）、斑鰶（*Clupanodon punctatus*）和灰鳍鲷（*Sparus berda*）等自然海区野生鱼苗可随潮水进入纳潮生态混养塘内生长。

池塘内红树林苗圃于 2018 年 5 月 12 日插植 1 500 株木榄胚轴，到 2020 年 1 月 6 日成活率高达 93.5%，苗高 75 cm 左右，生长良好，说明低基础水位纳潮生态混养有利于虾塘红树林的恢复。观察发现，尽管红树植物的树干长期浸泡在海水中，只要大部分叶片能得到间歇暴露，幼苗就能存活并正常生长。这意味着随着红树林的生长，可以相应地提高纳潮池塘的基础水位以增加养殖容量，达到生态效益与经济效益共赢的目标（图 6-8）。

图 6-8　低基础水位纳潮生态混养与红树林恢复效果（2020 年 1 月 4 日广西防城港）

（图片来源：范航清）

高产量是水产养殖业追求的目标。本模式不是单纯追求高产的集约化养殖，而是配套退塘还林/湿的辅助性合理利用方法，即在首先满足虾塘红树林人工重建的前提下，充分利用红树林湿地地形与环境特征，建立适应性的生态农场，获取一定的经济效益。虾塘改造成本近 20 万元/hm²，是本模式最大的投入；其次是红树林造林成本（9 万元/hm²）（表 6-2，不包括勘测设计、技术指导和管理等成本）。

表 6-2 纳潮生态混养效益粗略评估（以每公顷 3 年为评估基础）

	内容	成本/ （元/hm²）	效益/ （元/hm²）	说明
虾塘 改造	庇护沟与地形构建	78 126		
	塘堤加固	64 727		工程实践
	水门改造	50 306		
	小计	193 159		
生态 恢复	造林	90 000		按虾塘造林单价 22.5 万元/hm²，恢复面积 比例 40%计
	小计	90 000		
生态 混养	遮阴浮床	10 732		
	鱼苗	20 134		
	饵料	36 640		工程实践
	材料与工具	10 000		
	小计	77 506		
产出	渔获		93 240	按 2020 年 1 月防城港市平均零售价 45 元/kg 计
	苗木生产		150 000	3 年生产 7 500 株苗木，平均 20 元/株计
	红树林生态效益		167 238	红树林面积占虾塘的 40%，造林前 3 年按 45%的基准价值计
	小计		410 478	
合计		360 665	410 478	

6.2.2 红树林内养殖

红树林内养殖以广西红树林研究中心范航清等发明的地埋管道红树林原位生态养殖模式为代表。在泰国、马来西亚，还有不需要清除树木的围栏内低密度螃蟹养殖（Primavera et al.，2010；Triño & Rodriguez，2002；Primavera，2001）。此外，近些年广西在推广一种红树林瓦缸生态养殖青蟹技术（图 6-9）。从实际应用看，这种技术目前还有很多细节问题需要解决。围网养殖对红树林生态系统的干扰很小，但产量和捕获率比基围养殖还低。此外，红树林的落叶会遮蔽网眼，提高围网的张力，在台风暴潮时存在崩网、养殖对象逃逸的风险，在实际中很少应用。

图 6-9　红树林瓦缸生态养殖青蟹（广西防城港东湾）（图片来源：王文卿）

"增殖保育"不需要任何设施，只需将人工培育的鱼苗、虾蟹苗或其他经济动物的幼苗投放于红树林中。这种方法在一些贝类和星虫类的增养殖中常被使用，也是政府或公益机构为恢复某一地点的生物多样性而常用的手段。

6.2.3　地埋管道红树林原位生态养殖

已有的原位养殖模式都存在着各种不足，因此不毁林、干扰度小、产出较高、可控性好的原位生态养殖模式，就成为合理利用红树林的一项关键技术。2003 年，广西红树林研究中心向联合国项目专家提出了开展红树林生态养殖的建议。2007 年，联合国环境规划署全球环境基金（UNEP/GEF）"扭转南中国海与泰国湾环境退化"项目特别资助广西红树林研究中心探索红树林生态养殖技术，形成了"地埋管道红树林原位生态养殖"的关键技术。在广西财政厅和科学技术厅的支持下，研究团队在广西防城港市珍珠湾建设了"地埋式管道红树林动物原位生态保育研究及示范基地"。2019 年，海洋公益性行业科技专项"基于地埋管道技术的受损红树林生态保育研究及示范"通过验收。项目基于牵头单位原创的"红树林地埋管网生态保育"技术，通过规模化试验与优化，实现了关键设施的标准化设计与生产，完成了系统集成，建立了生态苗种保障技术，改进了增养殖技术，实现了规范化操作管理，建立了已推广应用的海区判别模型。项目在广西全日潮海区、广东半日潮海区、浙江高纬度红树林地建立了 3 个示范点,示范面积合计 3 220 hm²;建设地埋管网保育系统 5 hm²,年产出 11.61 万元/hm²,保育动物回捕率 92%。项目不仅不砍不围红树林,还快速恢复红树林及林下海洋动物群落 32 hm²,解决了传统养殖与红树林争夺滩涂空间的世界性难题,成为我国及亚太地区红树林保护与可持续利用的成功范例。项目研制海洋行业标准 1 项(审查阶段)、广西地方标准 1 项;申请发明专利 10 件(已授权 1 项)、实用新型专利 1 项(已授权)、国际发明专利 1 项并获 4 个国家授权;开发地埋管网生态养殖系统净污菌剂 1 项,地埋管网生态保育工程的决策地理信息系统 1 套,筛选出适养动物 10 种,形成了 3 个物种的红树林原位生态养殖技术。

　　"地埋管道红树林原位生态养殖系统"由 5 个主要部分组成(图 6-10)。①蓄水区。通常为陆侧虾塘,用于涨潮时蓄积潮水,低潮时放水,驱动地埋管道系统内水体的流动,提供溶解氧。在蓄水区可开展纳潮生态混养。②管理窗口。埋在滩涂内,每个面积 3~5 m²,深 1~1.5 m,用于投苗,投喂饵料,日常管理和收获。③交换管。露出滩涂表面,高 60 cm,直径 20 cm,管体密布直径 2 cm 的小孔约 100 个,退潮时通气,涨潮时海区的小鱼小虾可通过小孔进入管道内,成为管道内所养鱼类的活饵。④地下管道(图 6-10 和图 6-11)。为直径 20 cm 的聚氯乙烯(PVC)管,埋设在红树林滩涂 30~40 cm 深处,为系统提供水流通道和养殖鱼类活动空间。⑤组合栈道式青蟹养殖箱。管理窗口流出的水体直接供给后端的青蟹养殖,充分利用潮汐能量。此外,红树林生态养殖区的海上栈道也是重要的组成部分,其作用在于提供进出养殖管理窗口的便利通道,极大地降低日常管护的劳动强度,避免对滩涂红树林幼苗和底栖动物生境的人为踩踏与干扰,有利于红树林的生长和生物多样性的恢复。每亩红树林可布置 1~4 个管理窗口。以每亩布 4 个管理窗口计(通常 1~2 个),管理窗和管道的面积合计不超过林地面积的 5%,不改变红树林滩涂的地形地貌。

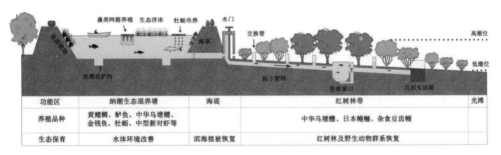

图 6-10　地埋管道红树林原位生态养殖系统剖面结构(图片来源:范航清)

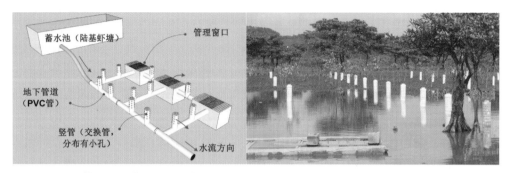

图 6-11　地埋管道红树林原位生态养殖系统主要组成（左）与建成景观（右）（图片来源：范航清）

　　目前已筛选出的适合地埋管道红树林原位生态养殖的物种有 11 种，其中星虫 1 种、贝类 5 种、甲壳类 1 种、鱼类 4 种（表 6-3）。底栖鱼类是地埋管道养殖的关键对象，已筛选出的适合物种为中华乌塘鳢、日本鳗鲡和杂食豆齿鳗，它们可以在管道内混养。2016 年 3 月，它们的市场价格在 60～300 元/斤。以中华乌塘鳢为例，一般 4 月投放越冬人工苗，苗种规格 30～40 尾/kg，饵料为鲜杂鱼，10—11 月进入收获期，生物量可提高 3～3.5 倍，养殖成活率约 80%，捕获率 95%，产品质量接近野生。日本鳗鲡非常适合在管道内生长，生长快，品质远远高于池塘养殖产品，但苗种供给是制约"瓶颈"。杂食豆齿鳗为功能性动物，价格昂贵，可在管道内生活，但生长速率低，其辅助性养殖设施有待研发。

表 6-3　地埋管道红树林原位生态养殖适合物种

种　名	俗　名	英文名
可口革囊星虫 *Phascolosoma esculenta*	泥丁、土丁	Peanut worm
泥蚶 *Tegillarca granosa*	血蚶、红螺	Blood shell，Ark shell
近江牡蛎 *Planostrea pestigris*	大蚝	Southern oyster
红树蚬 *Geloina coaxans*	牛屎螺	Mangrove clam
文蛤 *Meretrix meretrix*	车螺	Asiatic hard clam
青蛤 *Cyclina sinensis*	红口螺、铁蛤	Chinese cyclina
锯缘青蟹 *Scylla serrata*	青蟹	Mud crab
杂食豆齿鳗 *Pisodonophis boro*	土龙、榄鳝	Boro snake eel
日本鳗鲡 *Anguilla japonica*	白鳝	Japanese eel
中华乌塘鳢 *Bostrychus sinensis*	土鱼、泥鱼	Chinese black sleeper
大弹涂鱼 *Boleuphthalmus pectinirostris*	跳鱼、星跳	Bluespotted mud hopper

6.3　对鱼塘的重新考虑

我国有红树林的地方就有鱼塘,没红树林的地方也有大面积的鱼塘。滩涂—浅水水域—红树林—鱼塘—乔灌木林/农田已经成为我国红树林分布区最主要的景观格局。纵观我国海岸带、海岛及滨海湿地管理的规章制度及法律法规,习惯性地认为:除水产品生产功能外,鱼塘是滨海湿地生态系统的"毒瘤",鱼塘修建直接破坏了滨海湿地、鱼塘排污是近海的主要污染源、鱼塘破坏了滨海湿地的生态系统结构和功能。

近年来的一些研究发现,我国沿海滩涂和养殖鱼塘是鸻鹬类、鸥类、鹤类和雁鸭类水鸟的主要觅食地(图 6-12)。张斌等(2011)发现长江口南汇东滩雁鸭类和鹭类数量增加的主要原因是大型水产养殖塘和芦苇的增加。长江口冬季雁鸭类种类、密度与鱼塘面积显著正相关(张美等,2013;张斌等,2011)。上海崇明东滩自然保护区不同生境中越冬水鸟多样性顺序如下:鱼塘-芦苇湿地区>低潮带光滩>盐沼(赵平等,2003)。刘一鸣等(2015)发现广东雷州半岛还在使用的鱼塘中的鸻鹬类多样性仅次于滩涂,远高于红树林(图 6-13)。

图 6-12　鱼塘堤岸栖息的鹭类(海南三亚榆林河)(图片来源:王文卿)

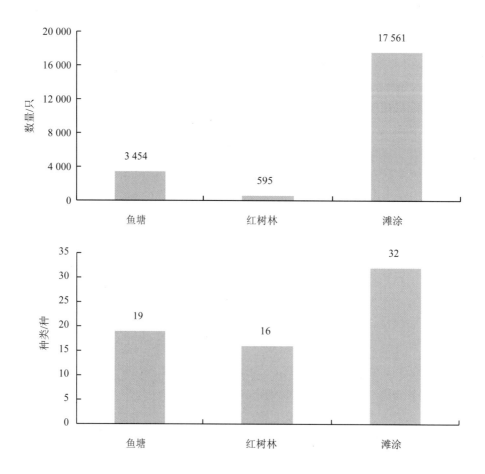

图 6-13　2010—2014 年冬季雷州半岛不同生境鸻鹬类种类及数量对比

资料来源：刘一鸣等（2015）。

鉴于鱼塘对水鸟栖息和觅食的重要性，一些地方（如香港米埔、广东深圳、福建漳江口、福建泉州湾等地）开始对部分鱼塘进行人工改造，营造鸟类栖息和觅食场所。香港米埔自然保护区有近 250 hm² 鱼塘，占保护区总面积的 2/3。除水产生产功能外，保护管理方通过控制鱼塘水生植物的面积和水位、清淤、控制堤岸植被等人工干预手段，为鸟类提供栖息和觅食场所，取得了很好的效果（何诗雨等，2016）。2006 年，深圳市政府将广东深圳内伶仃岛—福田国家级自然保护区周边鱼塘全部收回，交由保护区管理局统一管理，将鱼塘定性为生态养殖区，为在深圳湾栖息越冬的鹬鸻类鸟类提供觅食场所。2017 年，采取人工调控鱼塘水位和改造堤岸植被的方法改造鱼塘，改造后鸟类种类和数量明显增加（邱致刚等，2019）。

滨海湿地生态修复并非仅局限于海域范围，应将沿岸陆域和海域作为一个综合单元进行整体考虑（陈彬等，2019）。作为滨海湿地不可回避的地貌单元之一，我们不能将鱼塘简单地排除在海岸带生态保护与修复之外，而应该通过对养殖模式的优化、养殖行为的规范、养殖区域的统筹等，在生态保护与社区发展之间找到平衡点。这不仅是海岸带生态系统综合管理的需要，更是体现海陆一体化综合修复的需要。

参考文献

陈彬，俞炜炜，陈光程，等. 2019. 滨海湿地生态修复若干问题探讨[J]. 应用海洋学学报，38（4）：465-473.

陈康，刘妮，唐以杰，等. 2017. 中华乌塘鳢红树林种植-养殖耦合系统养殖试验[J]. 广东第二师范学院学报，37（5）：76-79.

范航清，阎冰，吴斌，等. 2017. 虾塘还林及其海洋农牧化构想[J]. 广西科学，24（2）：127-134.

冯建祥，朱小山，宁存鑫，等. 2017. 红树林种植-养殖耦合湿地生态修复效果评价[J]. 中国环境科学，37（7）：2662-2673.

国家林业局森林资源管理司，2002. 全国红树林资源调查报告[R].

何诗雨，胡涛，徐华林，等. 2016. 香港米埔自然保护区保护与管理经验及启示[J]. 湿地科学与管理，12（1）：26-29.

李芊芊，罗柳青，陈洋芳，等. 2017. 高盐污水处理人工湿地中耐盐植物的筛选[J]. 应用与环境生物学报，23（5）：873-878.

刘一鸣，许方宏，林广旋，等. 2015. 雷州半岛红树林湿地越冬鸻鹬类时空分布格局[J]. 林业资源管理，（5）：117-125，156.

仇建标，陈琛，彭欣，等. 2019. 红树林人工湿地-养殖耦合系统构建与净化效果[J]. 浙江农业科学，60（11）：2073-2077.

邱致刚，杨希，于凌云，等. 2019. 城市化影响下红树林的生态问题与保护对策：以深圳福田为例[J]. 湿地科学与管理，15（3）：31-34.

佘忠明，林俊雄，彭友贵，等. 2005. 红树林与水产养殖系统初步研究[J]. 生态学杂志，24（7）：837-840.

王瑁，王文卿，林贵生，等. 2019. 三亚红树林[M]. 北京：科学出版社.

王文卿，王瑁. 2007. 中国红树林[M]. 北京：科学出版社.

徐华林，彭逸生，葛仙梅，等. 2012. 基于红树林种植的滨海湿地恢复效果研究[J]. 湿地科学与管理，8（3）：36-40.

徐晓然，谢跟踪，邱彭华，2018. 1964—2015 年海南省八门湾红树林湿地及其周边土地景观动态分析[J]. 生态学报. 38（20）：7458-7468.

虞丹君，罗海忠，徐志进，等. 2018. 不同红树处理海水养殖尾水效果初探[J]. 科学技术与工程，18（7）：271-274.

张斌，袁晓，裴恩乐，等. 2011.长江口滩涂围垦后水鸟群落结构的变化——以南汇东滩为例[J]. 生态学报，31（16）：4599-4608.

张美，牛俊英，杨晓婷，等. 2013. 上海崇明东滩人工湿地冬春季水鸟的生境因子分析[J]. 长江流域资源与环境，22（7）：858-863.

赵平，袁晓，唐思贤，等. 2003. 崇明东滩冬季水鸟的种类和生境偏好[J]. 动物学研究. 24（5）：387-391.

中国人与生物圈国家委员会，广西壮族自治区海洋局，2011.多方参与的经验及展望：广西山口红树林世界生物圈保护区的十年[M]. 北京：海洋出版社.

周浩郎，2017. 越南红树林的种类、分类和面积[J]. 广西科学，24（5）：441-447.

Bagarinao T U，Primavera J H，2005. Code of practice for sustainable use of mangrove ecosystems for aquaculture in Southeast Asia[M]. Aquaculture Department，Southeast Asian Fisheries Development Center，48.

Bournazel J，Kumara M P，Jayatissa L P，et al.，2015. The impacts of shrimp farming on land-use and carbon storage around Puttalam lagoon，Sri Lanka[J]. Ocean & Coastal Management，113（8）：18-28.

Brown J J，Glenn E P，Fitzsimmons K M，et al.，1999. Halophytes for the treatment of saline aquaculture effluent[J]. Aquaculture，175（3-4）：255-268.

Choo PS，1996. Aquaculture Development in the Mangrove[M]. In：Suzuko，S.，Hayase，S.，Kawahasa，S.（Eds.），Sustainable Utilisation of Coastal Ecosystems. Proceedings of the Seminar on Sustainable Utilisation of Coastal Ecosystems for Agriculture，Forestry and Fisheries in Developing Countries. 63.

Duncan C，Primavera J H，Pettorelli N，et al.，2016. Rehabilitating mangrove ecosystem services：A case study on the relative benefits of abandoned pond reversion from Panay Island，Philippines[J]. Marine Pollution Bulletin，109（2）：772-782.

Erftemeijer P，Djuharsa E，1988. Survey of coastal wetlands and waterbirds in the Brantas and Solo deltas，East Java（Indonesia）[M]. Asian Wetland Bureau.

Gusmawati N，Soulard B，Selmaoui-Folcher N，et al.，2018. Surveying shrimp aquaculture pond activity using multitemporal VHSR satellite images-case study from the Perancak estuary，Bali，Indonesia[J]. Marine Pollution Bulletin，131（Part B）：49-60.

Hopkins J S，Hamilton R D，Sandier P A，et al，1993. Effect of water exchange rate on production，water quality，effluent characteristics and nitrogen budgets of intensive shrimp ponds[J]. Journal of the world aquaculture society，24（3）：304-320.

Hossain MZ, 2001. Rehabilitation options for abandoned shrimp ponds in the Upper Gulf of Thailand[D]. Asian Institute of Technology, Bangkok, Thailand.

Hossain M, Tripathi N K, Gallardo W G, 2009. Land use dynamics in a marine protected area system in lower Andaman coast of Thailand, 1990–2005[J]. Journal of Coastal Research, 25 (5): 1082-1095.

Johnson P T J, Chase J M, Dosch K L, et al., 2007. Aquatic eutrophication promotes pathogenic infection in amphibians[J]. Proceedings of the National Academy of Sciences, 104 (40): 15781-15786.

Jones A B, Dennison W C, Preston N P, 2001. Integrated treatment of shrimp effluent by sedimentation, oyster filtration and macroalgal absorption: a laboratory scale study[J]. Aquaculture, 193 (1-2): 155-178.

Kuenzer C, Bluemel A, Gebhardt S, et al., 2011. Remote sensing of mangrove ecosystems: A review[J]. Remote Sensing, 3 (5): 878-928.

Matsui N, Suekuni J, Nogami M, et al., 2010. Mangrove rehabilitation dynamics and soil organic carbon changes as a result of full hydraulic restoration and re-grading of a previously intensively managed shrimp pond[J]. Wetlands Ecology and Management, 18 (2): 233-242.

Primavera J H, 2000. Integrated mangrove-aquaculture systems in Asia[J]. Integrated coastal zone management.

Primavera JH, 2001. Community-based rehabilitation of mangroves[J]. In: IIRR, IDRC, NACA and ICLARM, Utilizing Different Aquatic Resources for Livelihoods in Asia: A Resource Book[M]. International Institute of Rural Reconstruction, International Development Research Centre, Food and Agriculture Organization of the United Nations, Network of Aquaculture Centers in Asia-Pacific and International Center for Living Aquatic Resources Management, 333-339.

Primavera J H, Altamirano J P, Lebata M, et al., 2007. Mangroves and shrimp pond culture effluents in Aklan, Panay Is., Central Philippines[J]. Bulletin of Marine Science, 80 (3): 795-804.

Primavera J H, Binas J B, Samonte‐Tan G P B, et al., 2010. Mud crab pen culture: replacement of fish feed requirement and impacts on mangrove community structure[J]. Aquaculture Research, 41 (8): 1211-1220.

Primavera J H, Rollon R N, Samson M S, 2011. The pressing challenges of mangrove rehabilitation: pond reversion and coastal protection[J]. Treatise on Estuarine Coastal Science, 33 (1): 217-244.

Primavera J H, Yap W G, Loma R J A, et al., 2014. Manual on mangrove reversion of abandoned and illegal brackishwater fishponds[M]. Mangrove Manual Series Vol. No. 2. Zoological Society of London, London.

Proisy C, Viennois G, Sidik F, et al., 2018 Monitoring mangrove forests after aquaculture abandonment using time series of very high spatial resolution satellite images: A case study from the Perancak estuary, Bali, Indonesia[J]. Marine Pollution Bulletin, 131 (Part B): 61-71.

Ren C, Wang Z, Zhang Y, et al., 2019. Rapid expansion of coastal aquaculture ponds in China from

Landsat observations during 1984–2016[J]. International Journal of Applied Earth Observation and Geoinformation，82：101902.

Richards D R，Friess D A，2016. Rates and drivers of mangrove deforestation in Southeast Asia，2000–2012[J]. Proceedings of the National Academy of Sciences，113（2）：344-349.

Saenger P，Hegerl E J，Davie J D，1983. Global status of mangrove ecosystems[J]. Environmentalist，3（3）：7-88.

Samson M S，Rollon R N，2011. Mangrove revegetation potentials of brackish-water pond areas in the Philippines[J]. Aquaculture and the Environment-a Shared Destiny. InTech，Rijeka，Croatia，31-50.

Sathirathai S，Barbier E B，2001. Valuing mangrove conservation in southern Thailand[J]. Contemporary Economic Policy，19（2）：109-122.

Triño A T，Rodriguez E M，2002. Pen culture of mud crab Scylla serrata in tidal flats reforested with mangrove trees[J]. Aquaculture，211（1-4）：125-134.

Valiela I，Bowen J L，York J K，2001. Mangrove Forests：One of the World's Threatened Major Tropical Environments：At least 35% of the area of mangrove forests has been lost in the past two decades，losses that exceed those for tropical rain forests and coral reefs，two other well-known threatened environments[J]. Bioscience，51（10）：807-815.

Wu H，Peng R，Yang Y，et al，2014. Mariculture pond influence on mangrove areas in south China：Significantly larger nitrogen and phosphorus loadings from sediment wash-out than from tidal water exchange[J]. Aquaculture，426-427：204-212.

第 7 章

红树林生态旅游

依据红树林湿地生态系统的美学价值、科普教育价值和旅游服务功能，开发以红树林为主题的旅游项目已成为一种趋势。随着人们对红树林湿地生态系统重要性认知的逐渐加深，如何最大化发挥和利用红树林湿地的综合效益来实现经济发展与生态保护"双赢"局面，成为政府和诸多红树林保护地管理机构共同面对的挑战。

7.1 生态旅游概念

生态旅游从 20 世纪 80 年代发展至今，已有 40 余年，但对于如何定义生态旅游，目前并未完全统一。各国专家大都从不同角度将生态旅游的相关属性或特征作为对其描述的基础。吴楚材等（2007）将生态旅游的概念归纳为保护中心说、居民利益中心说、回归自然说、负责任说和原始荒野说 5 种类型。保护中心说认为"生态旅游=观光旅游+保护"；居民利益中心说认为"生态旅游=观光旅游+保护+居民收益"；回归自然说认为"生态旅游=大自然旅游"；负责任说认为"生态旅游=负责任旅游"；原始荒野说认为"生态旅游=原始荒野旅游"。

生态旅游概念中应至少包含自然环境、环境教育、可持续性及居民受益 4 个要素。首先，生态旅游是以自然环境为依托，在自然中开展的旅游活动，除自然中的吸引物外，也涉及与自然相关的地方文化。其次，生态旅游的核心内容是环境教育。旅游者通过旅游活动增强对自然的理解和认知，保护意识也进而得到提升。再次，生态旅游强调可持续性，旅游活动的开展不应对当地的自然和文化带来不良影响，更不能破坏后代继续利用这些资源发展旅游的可能性。最后，生态旅游能让当地居民获益，包括增加居民经济收入，提高其生活质量。

这 4 个要素从内容、活动和产业操作层面，分别对生态旅游进行了界定。从内容来看，生态旅游要让旅游者欣赏、体验自然和相关的文化，进而认识和理解自然、自然与文化、自然与人的关系，产生保护意识，达到环境教育的目的。从旅游活动来看，生态旅游中吃、住、行、游、购、娱等活动本身，要利于当地自然和文化的保护，让其得以良好且长久地延续。从产业操作来看，生态旅游产业要关注当地社区的发展，既可以让社区居民通过提供服务或产品，直接获得旅游收入，也可以通过改善社区的生产生活条件和环境，提升居民的生活质量。

7.2 东南亚、中国香港和中国台湾的红树林生态旅游

7.2.1 东南亚

东南亚许多国家拥有广阔的海岸线，生长着大面积的天然红树林，拥有全世界生物多样性最丰富、发育最好的红树林。东南亚国家在红树林生态旅游方面开展了许多积极的探索。

7.2.1.1 菲律宾保和省

菲律宾保和省有 5 处红树林是当地政府部门和非政府组织划定的红树林生态旅游点。各点均结合当地的自然资源特点，设计分别适宜自由行及团队游的生态导览路线。自由行主要提供皮筏艇或木筏让游客自由探索红树林；团队游则有经过专业培训的红树林讲解员，在让游客获得更多红树林知识的同时，提供游客下浅滩体验的机会。行程结束后，每位游客都会获赠一株红树林幼苗，亲自种植在指定的滩涂上，激励人们保护红树林。

7.2.1.2 新加坡双溪布洛湿地公园

双溪布洛湿地公园是位于城市边的湿地，交通便利。湿地公园内有精心设计的木栈道及亭台楼阁方便游人就近观赏红树林湿地动植物。区内设有艺术馆并开设绘画课和手工课，提供适合会议、活动和休闲的场所和设施。该湿地公园生态旅游的特色是体验游，如在专家的指导下参与者陷入泥滩里进行短途旅行，享受与大自然的亲密接触，同时认识各种各样的动植物。相关工作人员利用绳子等工具通过简单的游戏让孩子了解食物链和食物网。

7.2.1.3 马来西亚哥打京那巴鲁湿地

哥打京那巴鲁湿地是由当地的非政府组织——沙巴湿地保护协会来管理的，是集保护、教育、娱乐、旅游和研究于一体的湿地示范中心。这里有 1.5 km 长的红树林木栈道，有专业解说员的导览，有相关的环境教育课程，还可以与企业制定义工计划。

7.2.2　中国香港和中国台湾

7.2.2.1　香港米埔自然保护区

米埔自然保护区位于国际重要湿地米埔湿地内，由政府委托世界自然基金会（WWF）管理。保护区是香港教育部门指定的环境教育场域，针对不同年龄层设计了差异化的环境教育课程。例如，针对小学四年级至小学六年级的学生有"米埔点虫虫"（让学生观察及认识昆虫，在不影响湿地和昆虫的前提下，采集昆虫）和"小鸟的故事"（让学生通过角色扮演来认识鸟类，了解米埔的生态价值及重要性）；针对初中一年级至高中三年级的学生，教育内容则包含湿地生态学家、后海湾规划师和记者等角色扮演，通过不同角色的扮演让学生从不同角度分析事件与社会、经济及环境的相互关系等。

保护区针对学校的课程均不收取费用，对于符合资格的学校，费用由教育部门支付给 WWF。香港所有中小学校都可在线报名，由教育部门审核通过后，确定活动时间。目前其面向中小学的课程内容都较为成熟，每次时长通常为 3 h，由米埔的工作人员带领。针对公众，则通过预约有限制地开放，且须在导赏员带领下进入保护区。如公众活动"米埔自然游"，为收费活动（有 WWF 会员价与非会员价），限定为 20 人/团，活动时长 3 h，由米埔导赏员带队解说。

7.2.2.2　香港湿地公园

香港湿地公园由政府兴建并管理，占地约 61 hm²，建有一个 10 000 m² 包括主题展馆、放映厅、室内游戏区、礼品店和餐厅的访客中心。室外设施有溪畔漫游径、红树林浮桥、观鸟屋、演替之路等。面向游客提供线路解说、工作坊等服务，主题随着季节而变化，也有针对亲子家庭的活动招募，主要是手工作坊和农事活动体验，游客可在公园内不同的集合点现场报名。此外，面向香港的幼儿园、中小学也有针对性的服务。公园制作了学校活动手册，每 2～3 年更新一次，定期邮寄给学校，由学校自行选择参加，公园只收取门票，无其他额外费用。活动主题不同，人数限制也不同，一般不超过 30 人，但也有 100～200 人的活动。学生团队由湿地公园导师带领，也可由学校老师自带。老师自带活动时，公园提供导赏或教学资料，老师可提前在网页下载，活动开展时有公园人员跟随并提供必要的协助。

7.2.2.3 台湾淡水河红树林自然保留区

淡水河红树林自然保留区交通便捷，有以"红树林"命名的地铁站，一出地铁站便是红树林生态展览馆与保育区。保育区里有呈心形的红树林湿地，林内有供自行车骑行的木栈道，有功能完善的小型博物馆，还有免费提供的丰富多彩的红树林环境教育宣传资料，并时常举办一些国际会议或者生态电影节等活动。其日常管理、解说均由经过培训的义工完成。其义工非常专业、敬业且好学。

7.2.2.4 台湾彰化芳苑湿地

芳苑湿地是一片广大的滨海滩涂，宽度约 6 km，岸边有政府引种的红树林。芳苑村是一个既有农耕也有渔业养殖传统的小渔村，尤以平吊式养蚵（生蚝）、牛车采蚵等养殖传统为特色，也形成了芳苑湿地独特的"海牛"与蚵棚景观。在返乡村民的发动下，村里开发出海牛生态旅游项目。游客可通过网上或电话预约搭乘村民的海牛车，在村民解说和引领下，走进滩涂，了解芳苑湿地红树林的历史、认识滩涂生物，体验蚵采收清洗、挖蛤等劳作，村民会现场组织插桩比赛、有奖问答等趣味环节，并会让游客品尝到现烤的蚵、蛤、虾等海产品。

7.2.3 经验小结

综合上述不同地区红树林生态旅游的经验，其均具备以下特点：

（1）紧密结合地方自然和文化，挖掘特色。各地基于对当地自然和文化的深入理解，设计开发出具有典型地域特点的活动内容，搭配常规旅游服务，形成独具特色的生态旅游项目。

（2）科普认知、环境教育、体验多面融合。旅游活动的吸引力很大程度上有赖于内容和形式的丰富度。生态旅游活动的设计从知识传输、五感体验、心灵触动等多维度入手，组合出形式多样的旅游项目，既让游客有更多选择的空间，也能带给游客多面的感受和收获。

（3）专门的旅游经营团队和解说人员队伍。生态旅游被视为可持续保护的必选动作，在政府的支持下，由专门的团队负责规划、设计和经营旅游活动，并组建专门的解说队伍提供高品质导览解说，这对提升游客体验感起到关键作用。

7.3　中国大陆各省份红树林生态旅游现状

作为国际公认最富科普教育和旅游功能的生态系统，红树林湿地同时也是我国极为重要的生态资源。我国大陆的红树林自然分布介于海南三亚至福建福鼎，浙江有人工种植的红树林，红树林种类由南到北逐渐减少。海南岛红树林种类丰富、类型多样，是我国大陆红树植物的分布中心，全岛沿海市县均有分布，其中东寨港、清澜港、儋州湾、后水湾是较为集中的红树林分布区。广东红树林主要分布在湛江、深圳和珠海等地，是我国大陆红树林面积最大的省份。广西红树林主要分布在北部湾沿岸的 14 个港湾内，面积仅次于广东。福建红树林主要分布在云霄漳江口、九龙江口及宁德地区的一些港湾（王文卿和王瑁，2007）。

由于我国连片面积较大、保存较好的红树林湿地资源主要集中在自然保护区，我国红树林生态旅游最先从自然保护区发展起来。但在自然保护区开展生态旅游必须遵循相关管理规定，尤其在游客人数、游客行为、基础设施建设等方面有诸多限制，因此自然保护区内的红树林生态旅游规模并不是很大，旅游形式也较为单一。近年来，随着红树林渐渐进入公众视野并成为许多游客期待的旅游目的地，加上红树林类型的湿地公园、城市公园建设蓬勃发展，我国的红树林生态旅游市场正在渐渐活泛起来。本节以海南、广东、广西、福建 4 个红树林天然分布区典型的红树林保护地为代表，一窥我国大陆红树林生态旅游的现状。

7.3.1　海南

海南岛作为我国大陆红树林分布的中心，也是我国大陆最早发展红树林旅游的地区之一。全岛共有不同级别的自然保护区、湿地公园 14 处，但各地生态旅游发展差距较大。

海南东寨港国家级自然保护区是我国大陆第一个以红树林为主要保护对象的保护区，20 世纪 80 年代末就有游客慕名到东寨港红树林参观。保护区于 2014 年修建了木栈道、游船码头、游客中心等基础的游览设施，但红树林区域的木栈道在环保督察期间被拆除。目前，保护区内的红树林旅游形式以乘船观光为主，游船由旅游公司运营，游客以散客为主。保护区内配备红树林博物馆、苗圃、解说牌等科普教育设施，游客可自行游走参观。从周边配套服务设施来看，与保护区相邻的村庄内均有村民经营的海鲜餐厅。近两年，在几位有创新意识村民的带动下，部分村民通过农户+合作社的方式，利用旧房改造，发展出较为高档的民宿，还配套红树林游览、采摘、美食等休闲项目，颇具吸引力。值得一提的是，随着近几年游学、自然教育类旅游形式的蓬勃发展，组团机构与保护地主动对接，由保护地人员为这类游客提供解说服务，活动以科普学习、自然观察和体验为主，如导览解说、滩涂自然观察、观鸟、赶海体验等。

海南部分红树林类型的自然保护区和湿地公园，虽修建步道、观鸟屋、观景台等基础设施，但均未建立旅游经营团队和解说人员队伍，未提供相应的旅游服务，目前仅有少量游学或自然教育机构组团自行前往或游客的自助游。这类保护地包括新盈红树林国家湿地公园、海南三亚河国家湿地公园、海南清澜红树林省级自然保护区等。还有一部分保护地由于位置偏远，尚无旅游基础设施，则鲜有游客到访，如海南陵水红树林国家湿地公园、海南东方黑脸琵鹭省级自然保护区、海南儋州新英湾红树林自然保护区等。

7.3.2　广东

广东省是我国大陆红树林分布面积最大的省份，其红树林生态旅游的发展也是参差不齐，以下仅以深圳湾区域与湛江雷州半岛区域为例。

深圳湾红树林区域已建有几个相邻的不同类型的保护地，包括内伶仃岛—福田国家级自然保护区、华侨城国家湿地公园、福田红树林生态公园等，由于地处深圳市市区，其特殊的地理位置为这些保护地发展生态旅游创造了先天优势。内伶仃岛—福田国家级自然保护区是全国面积最小的国家级保护区，配备了木栈道、观鸟屋、解说牌等基础设施，并与社会组织合作成立自然教育中心，通过与学校对接，在保护区内定期开展针对中小学的自然教育活动。华侨城国家湿地公园由华侨城公司独立运营，通过预约免费向公众开放。入园人数根据候鸟迁飞季有所限制，最高为 400 人/d，最低为 100 人/d。2014 年成立深圳首家自然学校以来，组织了内容丰富的自然教育类活动，包括自然艺术季、生态讲堂、自然课程、环保节庆活动等。福田红树林生态公园是我国大陆第一个由政府规划建设并委托公益组织管理的城市生态公园。园区内建有科普展馆、亲子游乐场、观鸟亭、植物园、彩绘画廊、生态浮岛等设施，还定期开展自然导览、观鸟、清理入侵物种、亲子乐捐嘉年华等公众活动。这些保护地各有所长、各具特色，为游客和市民提供了极好的观光休闲和自然教育活动场域。

湛江雷州半岛有我国大陆红树林面积最大的自然保护区——湛江红树林国家级自然保护区。保护区的红树林沿雷州半岛海岸线分布，横跨 5 个县 4 个区，分为 37 个小区进行管理，其中高桥红树林小区、特呈岛旅游小区、鸡笼山旅游小区等区域可供游客参观游览。保护区主要负责管理红树林，旅游服务则主要由当地社区或旅游公司提供。例如，特呈岛分布有约 500 亩红树林，岛上有 7 个自然村，部分村民经营农家乐餐厅和民宿，也有新建的休闲度假酒店。游客以观景、观庙宇古迹、品尝美食、泡温泉等常规休闲度假旅游形式为主，尚未形成以红树林为主题的生态旅游形式。

7.3.3 广西

广西壮族自治区是我国大陆红树林分布的第二大省份，北部湾区域有 14 个港湾均有红树林分布，红树林生态旅游发展较早的区域有北海滨海国家湿地公园、山口红树林国家级自然保护区和北仑河口国家级自然保护区。

北海滨海国家湿地公园位于北海市城区，虽于 2016 年正式挂牌，但其园区内的金海湾红树林生态旅游区早在 2008 年就对外开放，一直由旅游管理公司运营并收取门票。区内有红树林科普区、赶海区、疍家民俗园等 3 个区域，游客可乘观光车参观游览，在栈道观赏红树林景观，在赶海区体验滩涂，在民俗园参观了解疍家文化。

山口红树林国家级自然保护区、北仑河口国家级自然保护区离主城区较远，保护区内虽配备了基础的旅游设施，如科普展馆、栈桥、游船码头、观鸟亭等供游客使用，但尚未有成型的旅游项目提供，游客以自助游为主，停留时间大约仅有半天。

7.3.4 福建

福建省最具代表性的红树林保护地是漳江口红树林国家级自然保护区，保护区拥有我国大陆北回归线以北面积最大、种类最多、生长最好的天然红树林。但保护区距最近的主城区漳州市约 95 km，保护区内仅修建栈道、观景亭等基础游览设施供游客自行游览，尚无其他旅游活动提供，对游客吸引力较为有限。

近年来，福建省内新建了几处红树林生态公园，如厦门下潭尾滨海湿地生态公园、罗源县罗源湾红树林海岸公园，园区内修建栈道、休憩区、观鸟亭、长廊、广场、码头等基础旅游设施向游客开放，但旅游形式也主要以自助观光休闲为主，尚未有更丰富的特色体验和自然教育类内容。

7.3.5 共性问题

从目前各省份红树林生态旅游发展情况来看，距离城市较近或就在城区的红树林保护地，如海口东寨港、深圳福田等地，其旅游活动无论从内容上还是形式上，都更为丰富，游客量也更多。偏远的红树林保护地则发展极为缓慢，游客量偏低，未能产生经济效益以促进保护。尽管各地红树林生态旅游的发展进程不同，但存在一些共性问题和"瓶颈"需予以关注和应对。

从内容和形式上看，我国大陆大部分保护地的红树林生态旅游形式单一，仍以游客自助观光为主，深度体验、自然教育类旅游形式尚未得到开发，当地自然资源、自然条件、历史文化、习俗信仰中的特色内容尚未得到充分挖掘，导致游客在红树林区域短暂观光后便离开，未能形成对当地经济有所助益的更多消费。

从服务设施上看，保护地的科普展馆和解说系统不够深入浅出、生动有趣，互动性欠缺，对游客吸引力较弱。解说文字甚至存在许多错误，如物种名称、学名、英文翻译等。

从旅游服务上看，保护地缺乏专门的旅游经营团队和解说队伍，未开展旅游路线、旅游活动的规划设计，仅靠简单的基础设施供游客自助参观游览，未能提供更优质的服务。

从旅游操作上看，保护地的旅游开发和管理未与周边社区形成互动和合力，保护地和社区居民的旅游经营活动各不相干，甚至还会存在管理冲突，如村民带领游客冒进保护地核心区、擅自收取保护地门票等。同时，社区也未能从保护地生态旅游的发展中受益。

7.4 中国红树林生态旅游展望

7.4.1 红树林生态旅游可能的形式

在红树林湿地发展旅游，过度开发会破坏红树林，过多人为活动会影响红树林湿地内栖息的动物，因此要以保护和维持红树林湿地的生态功能为前提，严格遵循保护性开发的原则。结合前文提及的生态旅游四要素，红树林生态旅游应以红树林湿地生态系统和相关文化为主要内容，既有利于保护红树林湿地资源及其文化，又能促进当地社区发展，并激发旅游者的保护意识和行动。基于此，红树林湿地生态旅游可结合地方特色和条件，发展出丰富多样的旅游形式。

7.4.1.1 "红树林+观光休闲"

观光可谓是最基础的旅游需求，观光型游客更是游客中最广泛的群体。其心理期盼首先是独特的自然风光与奇异的人文资源，即使可进入性或服务稍差，如果后来获得美的享受，也会感到满足（王冬萍，2016）。红树林分布有较强的地域性，仅分布于热带和亚热带的海岸线，红树植物形态奇特、有特殊的生态和生理特性，是极有吸引力的旅游资源。除红树植物外，生活在红树林湿地中的鸟、弹涂鱼、招潮蟹、螺贝类等多种多样的生物也能给人们展示一个多姿多彩的奇妙世界。在红树林湿地内修建基本的游览设施，为观光型游客提供游走步道、搭乘游船、参观展馆等项目，既能欣赏红树林湿地的景观，又能近距离观察红树林及其他生物。

值得注意的是，红树林观光休闲作为一种生态旅游形式，需发挥对游客的环境教育功能，在游览过程中，要通过专业的解说让游客充分了解红树林。因此，除基础游览设施外，保护地还需要建立良好的解说系统。解说系统主要包括两大类——人员解说和媒体解说。人员解说需配合专业的解说导览人员，媒体解说则利用视听器材、解说牌、展览、自导式步道等方式进行解说。

7.4.1.2　"红树林+深度体验"

体验式旅游，也称为沉浸式旅游，是让旅游者投入精力参与某个特定地点的历史文化、生活、食物、生态环境等相关旅游活动，与体验的对象产生互动，获得深刻感受和触动的旅游形式。围绕红树林主题，结合地方特色，体验式旅游项目可以有很丰富的设计，发展潜力巨大。例如，走入滩涂观察滩涂生物、体验滩涂养殖采收、观鸟；在红树林周边村庄留宿，体验海岸生活和劳作日常、参观庙宇、了解村庄历史、制作食物等。这种体验式的旅游形式，既能让游客获得独特的感受，激发对红树林的兴趣和关注，又能为社区参与生态旅游创造机会，让社区从旅游发展中获益。

7.4.1.3　"红树林+自然教育"

自然教育起源于我国，与环境教育相似又略有不同，主要是通过与自然的直接接触，让人认识自然，获得热爱自然、热爱生命的启迪。近年来，自然教育在我国呈现井喷式发展，从事自然教育的组织和机构数量逐年增加。2019 年，国家林业和草原局专门发出通知，呼吁全国各类保护地充分发挥社会功能，大力开展自然教育。红树林湿地有丰富的生物多样性资源，强大的生态服务功能，具备开展自然教育的优越条件。各红树林保护地可根据自身条件，与自然教育相关组织和机构合作，在适当的区域内开展面向不同年龄、不同受众的红树林主题自然教育活动，如各类自然课程、冬/夏令营、研学游等。

7.4.1.4　"红树林+科学考察"

科学考察旅游是依托特定地点特有的地质地貌、水文气候、历史古迹、珍稀动植物、奇观现象等，以探究成因及特征为目的的野外考察、自然观察、科学探险活动。与自然教育的观察学习类课程不同，科学考察旅游更强调完整的科学研究过程，能产出实质的考察成果，其活动设计也因此对专业要求更高。红树林湿地的独特性和科研价值毋庸置疑，但鲜有保护地或机构开发红树林的科学考察旅游价值。这样的旅游形式较为小众，市场指向性明确，面向的是对科学研究感兴趣或有学业需求，且有一定科学思维基础的群体。我们认为，对在国际上有知名度并具备一定科研力量的红树林保护地而言，可结合自身的长期性科研任务，设计可重复的科学考察主题游，通过定期发布的方式，吸引国内外人士前来参加。这样的旅游形式既能留住游客，在保护地周边社区形成消费，其考察成果又能为保护地科研所用。

7.4.2　中国红树林生态旅游发展建议

未来几年，我国红树林保护和修复的力度将会进一步加强，而保护对地方经济发展，尤其是传统养殖户和渔民的生计来源必将带来更大压力。如何平衡保护与发展的关系，探索红树林可持续利用模式，在保护中促进发展，在发展中加强保护，将是国家和地方政府需要共同面对的挑战。红树林生态旅游是值得推广和强化的资源可持续利用方式。要合理发展我国的红树林生态旅游，提升旅游品质和经济效益，有以下几点建议。

7.4.2.1　配备旅游经营与解说团队

中国红树林保护地管理人员的技术力量普遍薄弱，这已成为制约我国红树林保护水平发展的"瓶颈"。保护地的科学管理是保护地生存与发展的基础，培养一支懂科学、有技术、善管理、会宣传的专业队伍，是保护地最紧迫的需求。在我国生态文明建设的大浪潮下，国家用于生态保护和保护地建设的资金在不断加大，但大部分资金都用于生态修复工程、基础设施等硬件建设，而用于队伍培养、能力建设上的资金相对短缺。福建某地红树林造林经费高达每平方米上百元，但用于科普材料设计制作的费用仅仅 5 万元。保护地及其周边要发展生态旅游，需要有在地的团队对旅游的内容、形式、路线进行合理的规划设计，并负责日常的旅游活动管理和运营。在旅游活动中，还需要有专业的解说队伍，才能达到生态旅游环境教育的目标。一个好的红树林讲解员，除具备一般导游应该具备的基本素质外，还应该熟悉潮汐、了解各种动植物类群的特点和红树林生态系统的结构功能等。他们不仅是知识的传播者，还应该是自然保护理念的传播者。

7.4.2.2　充实内涵与形式

当前我国红树林旅游的形式大多都停留在观景层面。不少人认为，红树林景观独特，坐船看景便是生态旅游，这实际上是对生态旅游的误解，更是对红树林资源的极大浪费。如前所述，红树林湿地如此丰富的自然内涵，以及周边居民传统习俗、历史古迹等人文内涵都是吸引游客的独特亮点，亟待整理和充分挖掘。要提升生态旅游品质，必须在充分理解地方自然与文化特点的基础上，设计出内涵丰富，形式多样，感官、心灵、科普等多维度相融合的旅游产品，并在经营过程中不断优化充实，才能对游客持续产生吸引力。

7.4.2.3　提升科普质量

有别于一般森林生态旅游，红树林生态旅游集科学性、趣味性、知识性、观赏性和参与性于一身，这对游客的背景知识有一定的要求。游客对红树林的背景知识了解得越多，旅游过程中的趣味性、知识性就越突出，也越有可能由浅度旅游向深度旅游转变。我国大部分地区的科普材料，在图文质量、生动性与科学性、多样性与互动性等方面，都远远不够。以红树林区常见的底栖动物蟹类为例，它们不仅对红树林生态系统结构和功能的稳定性有举足轻重的作用，还具有很大的科普教育价值。招潮蟹的择偶、掘穴和摄食行为，相手蟹的挖洞行为，和尚蟹的集群行为，蜘蛛蟹的游泳行为等都是很好的旅游和科普教育资源。因此，除展示蟹类的精美图片外，还应将它们的行为习性通过文字、插画、视频或互动游戏等方式展现给游客，或由解说人员现场介绍。

7.4.2.4　社区参与必不可少

保护地社区是保护地不可分割的一部分，保护地周边的社区居民世代栖居于此，其生产、生活、文化传统与保护地的资源有着密不可分的联系。只有地方经济得到发展，生活质量得到改善，社区居民才更愿意参与和支持保护地资源的保护。生态旅游始终强调要让社区居民受益，在开发和经营生态旅游产业的过程中，要考量社区的利益，让社区充分参与，与保护地互相配合、互为补充。一方面，社区居民对当地资源和自身文化有更深刻和独特的理解，旅游内容、线路的规划设计需要社区居民的参与；另一方面，保护地可以依托社区提供餐饮和住宿服务，还可以培养社区居民成为解说员、导览员，从而缓解保护地服务设施和人力不足的压力，社区居民更是能从中直接获得收入来源。

7.4.2.5 发动并联合社会力量

生态旅游是一个包含资源、市场、技术、资金、管理等诸多要素的经济形态，它的发展需要整合各方资源，更需要多方的参与，协同推进。红树林生态旅游最终要面向市场，只有在市场驱动下，生态旅游才能得以维持和发展，不断产生社会经济价值。保护地和社区都缺少开拓市场的经验，仅靠政府推动也难以实现与市场的对接，还需要通过发动和联合旅游公司、自然教育机构、环保组织、基金会等社会力量的参与，搭建合作平台，建立合作机制，才能有效推动红树林生态旅游的发展。在推动社区发展上，还可借助社会力量的陪伴和协助，带动社区居民参与生态旅游经营，提升社区的旅游接待能力、解说服务，帮助社区从旅游发展中获益。

参考文献

王冬萍. 2016. 旅游产品开发与管理[M]. 成都：西南财经大学出版社.

王文卿，王瑁. 2007. 中国红树林[M]. 北京：科学出版社.

吴楚材，吴章文，郑群明，等. 2007. 生态旅游概念的研究[J]. 旅游学刊，（1）：67-71.

第 8 章

中国红树林蓝碳研究和发展现状

2009 年，联合国环境规划署（UNEP）的报告指出，红树林、滨海盐沼和海草床等海岸生态系统能够捕获和储存大量永久埋藏在海洋沉积物里的碳，因而成为地球上最密集的碳汇之一，这部分碳被称为海岸带蓝碳（blue carbon）（Nellemann et al.，2009）。此后，红树林在固碳和减缓大气温室气体排放方面的生态系统服务得到了广泛认识。本章总结了蓝碳概念提出 10 年来国内外红树林蓝碳相关研究，评估了我国红树林蓝碳的发展潜力，并对我国红树林海岸带蓝碳的发展战略提出政策建议。

8.1 海岸带蓝碳的概念

蓝碳的概念是一个比喻，强调除陆地森林（绿碳）外，海岸带生态系统对有效固定人为排放的 CO_2 具有重要贡献。它的提出使红树林等海岸带生态系统在固碳和减缓大气温室气体排放方面的生态系统服务被广泛认识。更重要的是，这一最初的比喻逐渐演变成通过保护和恢复海岸带植被生态系统来减缓和适应气候变化的战略，并推动了国际和国家的蓝碳倡议的发展。蓝碳在红树林的保护、管理和恢复方面具有潜在的意义，成为缓解气候变暖的全球战略之一。虽然红树林只分布在热带和亚热带地区，且总面积很小，但将其纳入国家碳减排目标及国家自主贡献（NDCs）可帮助红树林面积大的国家实现其《巴黎协定》的承诺（Taillardat et al.，2018；Herr & Landis，2016；UNFCCC，2015）。随着应对全球变暖的"基于自然的解决方案"（nature-based climate solutions）的提出，红树林蓝碳生态系统保护和修复的研究和潜力开发也迎来了新的契机。

8.2 红树林蓝碳的研究进展

全球红树林仅占陆地面积的 0.1%，但是它们的固碳量占全球总固碳量的 5%（Bouillon et al.，2008），其净初级生产力与热带雨林相当（Alongi，2014）。由于具有很高的碳密度和碳汇潜力，红树林可在降低大气 CO_2 浓度、减缓全球气候变化等方面发挥重要作用（Nellemann et al.，2009；Duarte et al.，2005）。红树林生态系统是海岸带蓝碳碳汇的主要贡献者，红树林碳循环也是地球碳循环中至关重要的环节。近年来，国内外学者对于红树林蓝碳的研究主要集中在以下几个方面。

8.2.1 红树林碳储量和碳通量的时空格局

由于海草、滨海盐沼等海岸带植物在潮间带的分布潮位较低、淹水时间长，现代遥感技术对其分布区域的估算还存在差异，导致了全球蓝碳储量的估算还存在不确定性（Macreadie et al.，2019）。

目前，已经有较多研究分析了世界各地不同红树林生态系统的碳储量、碳累积速率及分布格局（Donato et al.，2012，2011）。Donato 等（2011）发现印度尼西亚红树林中深度 1 m 的表层土壤碳含量最高，之后随深度递减；河口和海岸类型的红树林土壤平均碳密度分别为 0.038 gC/cm^3 和 0.061 gC/cm^3，位居同纬度森林生态系统碳密度之首。基于印度太平洋地区 25 个代表类型的红树林生态系统的研究，Donato 等（2012，2011）推算得到全球红树林平均碳密度为（1 023±88）MgC/hm^2；其中，植被碳密度为 159 MgC/hm^2，而地下部碳密度是植被碳密度的 5 倍以上。Howard 等（2014）综合比较了全球已有的研究，对比了不同类型生态系统的碳储量及其分配格局；其中，红树林生态系统的碳密度显著高于其他生态系统，且土壤碳储量占比最大（图 8-1）。

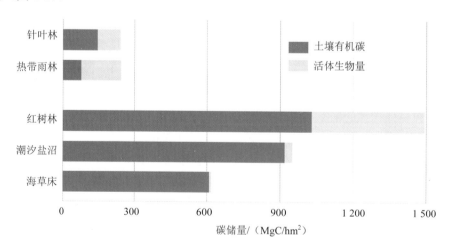

图 8-1 不同类型生态系统碳储量分配格局的比较（Howard et al.，2014）

由于地理位置、地貌类型和群落结构的不同，全球各地红树林生态系统的碳密度存在差异（Atwood et al.，2017）。Rovai 等（2018，2016）综合全球各地红树林生态系统的碳密度、植被和土壤碳储量、碳通量等，给出了全球的估算量（表 8-1）。从红树林的全球分布看，热带地区的红树林碳密度最高；随着纬度的升高，亚热带地区（即红树林纬向分布的高纬度地区）的碳密度逐渐降低（Hutchison et al.，2014）。究其原因，热带地区红树植物种类丰富、光合固碳量和生产力高；亚热带区域的红树林生物量相对较低，这与气候因子和物种直接相关。另外，土壤碳埋藏速率还因为群落结构和群落年龄等而存在差异，如越古老的红树林，其土壤碳密度越高（Liu et al.，2014；Lunstrum & Chen，2014）。粗略估算，红树林中仅 18% 的碳源自植物生物量，而 82% 的碳存在于表层 1 m 土壤中（王秀君等，2016）。

《中国红树林生态系》一书提出我国红树林具有高生产力、高归还率和高分解率的"三高"特性（林鹏，1997），证明了红树林固碳和储碳的优势。近年来，对于局部区域红树林碳密度的估算不断被报道（Wang et al.，2019；Lu et al.，2014；Lustrum et al.，2014），也有中国海岸带蓝碳储量的估算（周晨昊等，2016；焦念志等，2018），但全国尺度上的系统研究还未见报道。表 8-1 汇总了综合目前实测和模型推演的全球和中国的红树林碳储量和碳通量估算。

表 8-1　全球和中国红树林碳密度、碳储量和固碳能力

区域	碳储量			固碳速率			参考文献
	植被碳密度/ (TgC/hm²)	土壤碳密度/ (TgC/hm²)	总碳储量/ PgC[①]	植被固碳速率/ (TgC/a)[②]	土壤碳埋速率/ (TgC/a)	总碳积累速率/ (TgC/a)	
全球	16.6～627	283	4.4	50～150	22.5～24.9	72.5～175	Duarte 等（2017）；Atwood 等（2017）；Rovai 等（2016）；Alongi 等（2014）；Breithaupt 等（2012）
中国	81.4	186	0.005 5	0.22	0.056	0.28	Wang 等（2019）；Atwood 等（2017）

① 1 PgC=1×10¹⁵ 克碳。
② 1 TgC/a=1×10¹² 克碳/年。

8.2.2　红树林碳循环的界面过程

红树林生态系统的高固碳能力主要有以下两方面原因：①红树林大多分布在沉积型的海岸河口，由上游河流和海洋潮汐共同作用带来了大量外源性碳，被固定而快速沉积在地下部分；②红树林具有高生产力，其地下部分长期处于厌氧状态，减缓了根系和凋落物的分解速率，加速了碳埋藏速率。研究发现，有些地区的红树林泥炭甚至可达十几米深（McKee et al.，2007）。因此，高沉积速率和高生产力使红树林生态系统具有很高的碳储量，也成为全球固碳效率最高的地区。

Alongi（2014）的综述中提出了红树林湿地生态系统碳循环的主要途径和各界面之间存在的气体通量，并通过已有研究数据估算了全球红树林各主要循环过程的碳通量（图 8-2）。在红树林生态系统碳循环过程中，最显著的碳循环过程是红树植物群落与大气间的碳交换（纵向通量），其中大部分初级生产力被植物呼吸释放到大气中，剩余部分被红树林固定用于进行生态系统内部的碳循环过程，形成木材、根系以及凋落物，形成的凋落物部分分解后被沉积物所固定。一部分凋落物形成碎屑或者被分解后形成溶解无机碳（DIC）或者有机碳（DOC）等，随潮汐输出到近海系统中；同样，潮汐活动也可将河流上游或者近海的沉积物输入红树林中并沉积下来。它们构成红树林与近海生态系统之间的横向通量。红树林湿地不仅是大气的碳汇，也是周边生态系统碳的最终来源，在区域碳循环过程中的关键作用不容忽视（Ray et al.，2011；Duarte et al.，2005）。

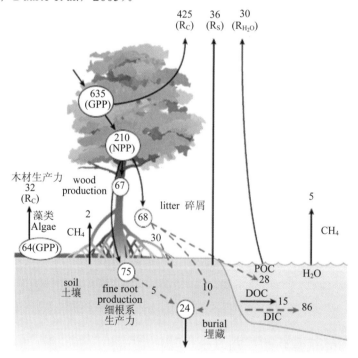

图 8-2　全球红树林碳循环的主要途径与通量（Alongi，2014；单位：TgC/a）

从现有文献的分析看，红树林碳循环的研究还面临一些挑战：①当前红树林碳循环的估算值缺乏系统观测，所获得的数据缺乏系统性；针对特定地点的系统观测，包括群落指标调查、生物量调查、凋落物收集以及通量观测的样点很有限，多见于美国佛罗里达大沼泽红树林湿地、福建漳江口红树林湿地和广东湛江高桥红树林湿地的报道。因此，非常有必要开展长期定点研究来分析红树林碳循环途径和碳分配格局。②红树林与水域的 CO_2 水-汽界面交换、红树林与邻近生态系统界面过程和碳通量等情况尚不明确。因此，非常需要建立从红树林生态系统扩展到周边水域甚至是开阔的近海的连续观测系统（例如，红树林—河口—海岸带连续体；红树林—海草床—珊瑚礁连续体），完善各界面过程的观测。③在红树林生态系统碳通量方法学上应力求统一。采用净初级生产力法估算碳通量，具有操作性强、数据积累长和覆盖范围广的特点，被蓝碳研究的方法手册［如 Howard 等（2014），这是全球目前唯一用于红树林、盐沼和海草碳储量和碳通量监测的技术手册（中文版由陈鹭真等翻译）］广泛采纳。另外，有条件的研究站可采用昂贵但精确的碳通量观测系统，以揭示碳循环中的机制性问题。应用该方法对美国佛罗里达大沼泽湿地国家公园的红树林碳通量观测始于 2004 年（Barr et al.，2012，2010）；对我国福建漳江口、湛江高桥和湛江雷州等红树林碳通量的观测分别始于 2008 年、2009 年和 2013 年（Cui et al.，2018；Lu et al. 2014；Chen et al.，2014）。

8.2.3　气候变化对红树林碳储量和碳固持的影响

气候变化对红树林生态系统及其碳库的影响，不仅取决于它所面临的不同气候变化因子的发生频率和压力，也取决于生态系统的敏感性和弹性。归纳起来，包括以下几个方面（表 8-2）。

表 8-2　影响红树林生态系统碳储量的全球变化因子

因子		正效应	负效应
气候变化因子	海平面上升	红树林陆向迁移、分布面积增大、碳储量增加、可容空间增加、碳封存增加	低潮位红树林消失、向海一侧被挤压、碳储量减少
	大气 CO_2 浓度升高	植物光合固定的碳增加、生产力提高、生态系统碳储量增加	
	暖化升温	植物生长加速、生产力提高、植物群落向高纬度迁移入侵盐沼、碳储量增加	增加土壤表层有机物分解、温室气体排放增加、碳储量减少

	因子	正效应	负效应
气候变化因子	降水格局改变	降雨增多提高群落生产力和碳固持能力	干旱导致植物冠层死亡、群落生产力降低、土壤矿化、碳储量减少
	风暴潮频发	沉积物表层淤积增加、高程提升、碳储量增加	冠层受损、光合固碳降低、土壤碳捕集和压实作用减少、碳储量减少
	临近生态系统变化		珊瑚礁的退化增高潟湖内的海平面，导致红树林退化、碳储量减少
人为活动因子	砍树毁林		红树林面积减少、碳储量减少、碳固持减少
	围填海、农业和养殖业		红树林面积减少、碳储量减少、碳固持减少
	生物入侵	互花米草入侵光滩、光滩区域碳储量和碳固持增加	入侵种抑制红树林生长，红树林退化、碳储量减少、碳固持减少
	病害、虫害		红树林退化、碳储量减少、碳固持减少
	海岸带开发、近海污染		码头、盐田、水产养殖、能源开采、污染导致红树林生态系统退化、碳储量减少
	红树林保护	红树林面积稳定、生态系统健康、碳储量增加、碳固持能力增强	
	红树林修复、退养还湿、退塘还林/湿	红树林面积增多、碳储量增加、碳固持能力增强	

8.2.3.1　海平面上升

红树林湿地作为典型的生态交错区，是受全球气候变化影响最为直接的区域。红树林的分布区域、生产力以及表层沉积过程，都受到海平面上升的影响。在天然岸线的潮滩上，海平面上升将使向海一侧的植被死亡，并迫使红树林的天然更新发生陆向迁移，进而维持红树林群落的分布区（Nitto et al.，2014）。海平面上升对于红树林湿地碳动态的影响，取决于红树林沉积和海平面上升之间的平衡，并可能增加、维持和减少红树林湿地碳储量（Sanders et al.，2012；Gilman et al.，2008）。海平面上升幅度的差异可导致不同红树林陆向迁移速率的差异（Schuerch et al.，2018）、不同种群落的净初级生产力变化（Krauss et al.，2014；Chen et al.，2013）、土壤表层沉积速率和碳埋藏发生改变（Rogers et al.，2019；Kelleway et al.，2016）、有机碳矿化过程和温室气体排放产生差异（Ellison，1993）。

西太平洋地区是全球海平面上升速率最高的区域。在这里，海平面上升极大地威胁着红树林。研究估计，至 2070 年，一些先锋红树林区将被海水淹没而丧失碳库（Lovelock et al.，2015）。1980—2018 年，我国沿海海平面以每年 3.3 mm 的速度上升，大江大河带来的泥沙提供了河口区域的沉积物输入（自然资源部，2019）。海堤的阻隔将极大地限制未来红树林的陆向迁移，导致堤前红树林死亡且难以恢复（Lovelock et al.，2007；廖宝文等，2004）。因此，红树林土壤界面的淤积及其对海平面上升的响应和海平面上升后红树林可容空间的变化都关系到未来红树林碳储量的变化，这些仍需深入探讨。

8.2.3.2　气候变暖和极端低温

目前，已有一些关于红树林生态系统应对气候变化响应的研究，如大气 CO_2 浓度升高、极端低温频发也显著影响红树林的分布区、群落组成、生产力和碳汇能力（Reef et al.，2017）。轻微的气温升高可能增加初级生产力，但也影响沉积物的呼吸；但温度过高则会形成温度胁迫而造成红树林衰退或死亡，进而影响碳平衡。降水格局和其他微环境的变化抑制了红树林的光合固碳，并使一些区域红树林发生退化（Osland et al.，2016）。然而，气候变化对其碳储量和碳通量影响的研究还不完整，缺乏各界面之间通量变化的机制性研究。受限于模拟研究的条件，大气 CO_2 浓度升高、极端低温等未来气候情景下的红树林碳储量和碳通量的影响还鲜有报道（Jennerjahn et al.，2017）。目前气候变暖和极端低温对地上过程的影响相对清晰，但地下生物量和沉积物碳通量的响应复杂，包含植物、微生物等不同过程的响应和调控，其机制不清晰。

8.2.3.3　风暴潮和临近生态系统

飓风、台风暴、海啸等自然灾害也改变了潮间带地形和环境条件，引起红树林死亡或损害进而影响红树林生态系统碳收支平衡（Krauss & Osland，2020；Chen et al.，2014；Bianchi et al.，2013；Barr et al.，2012）。但是，由于监测困难，风暴潮对红树林固碳能力影响的估算还不普遍（Krauss & Osland，2020；Chen et al.，2014）。临近生态系统在气候变化下发生了改变，也将影响红树林生态系统及其碳储量对气候变化的敏感性。例如，珊瑚礁的退化增加了潟湖内的浪高，随之导致潟湖的海平面上升，进而使部分红树林消失（Saunders et al.，2014）。目前鲜见对红树林—海草—珊瑚礁等生态系统连续体的碳通量监测，还无法解答气候变化尺度下生态系统界面之间的碳通量动态的问题。

8.2.4　人类活动的扰动对红树林碳固持的影响

近几十年来，海岸地区快速的人口增长和经济发展导致了红树林的大面积破坏、生态系统功能退化（Lee et al.，2019；Duke et al.，2007）。红树林受到土地利用和土地覆盖变化的影响，其碳储量、土壤温室气体排放等碳通量过程均会发生变化（图 8-3）。

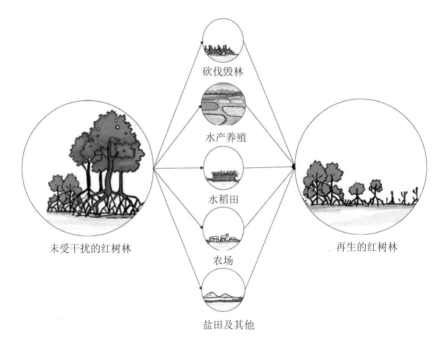

图 8-3　红树林面临的土地利用/覆盖变化（Sasmito et al.，2019）

伴随面积萎缩和功能退化，红树林生态系统的碳储量受到极大限制（表 8-2），表现为以下几个方面。

8.2.4.1　森林砍伐和围填海工程

全球红树林面临的最大挑战是海岸带地区经济发展和红树林保护之间的矛盾，特别是在亚洲和南美洲等发展中国家（Chowdhury et al.，2017）。东南亚国家是红树林资源最丰富、面积最大的区域，但是持续性的森林砍伐和湿地开发已导致大面积红树林消失。养殖塘、油棕种植和城市化是 2000—2012 年 48.6%红树林消失的三大驱动力（Richards & Friess，2016）；在孟加拉国和印度交界的世界最大的孙德尔本斯（Sundarbans）红树林，人口增长已经对红树林产生破坏（Ishtiaque et al.，2016）。在我国，20 世纪 60 年代以来的毁林围海造田、毁林围塘养殖、毁林修建海岸工程等人类不合理开发活动，使红树林面积剧减、环境恶化，红树林湿地资源已面临濒危境地。过去 30 年的海岸带围垦和海堤建设，大大降低了我国海岸带蓝碳储量（Li et al.，2018b）。研究表明，砍伐 8 年后，红树林表层土壤（15 cm）的有机碳损失量超过 50%（Granek & Ruttenberg，2008）。因红树林减少而产生的碳排放约为每年 0.02～0.12 Pg，占全球森林减排量的 10%（Donato et al.，2011）。直至 2009 年，由于砍伐、清淤、填埋、筑坝、盐田、水产养殖、能源开采、污染等人为干扰导致全球红树林面积下降，其影响不仅局限于对红树林生态系统地上生物量，而且已直接影响红树林湿地固碳能力和碳库动态，使碳汇演变为碳源（Kauffman et al.，2014）。

8.2.4.2　近海环境恶化和红树林退化

海岸带开发引起的土地利用变化不仅使红树林面积减少，还影响了其恢复力（Gilman et al.，2008）。近海污染物和富营养化胁迫是红树林退化的主要原因（Lovelock et al.，2009）。污染源中的重金属、杀虫剂和有机物等也已威胁到红树林生态系统的健康（Defew et al.，2005）。海湾中水质的恶化也会增加红树林土壤呼吸速率，将过去固定在土壤中的有机碳迅速释放到大气中（Tian et al.，2019）。红树林中富营养化的水体一方面加速了植物的生长固碳，另一方面又促进了土壤温室气体排放，对红树林碳汇功能的总体影响极为复杂（Li et al.，2018a）。

在我国，互花米草入侵红树林滩涂在一定程度上有积极促进作用，增加了生态系统的碳储量（Feng et al.，2017）。但从长期来看，互花米草是"生态系统工程师"，它将改变潮滩的地表高程、潮沟形态等地貌特征，具有生物地貌作用（宁中华等，2018）。福建漳江口的互花米草入侵迅速提升了红树林区的滩面高程、加速了光滩陆地化（Chen et al.，2016）。地貌的变化还导致红树林的退化，将引起红树林沉积物的碳固持能力下降、温室气体排放增加。环境恶化引发的更为严重的病虫害已经损害红树林的碳固持能力，并增加了温室气体的排放（Lu et al.，2019）。红树林的退化将导致几十年甚至上千年来固定的有机碳的矿化和侵蚀，但是退化的驱动力和碳通量的变化极为复杂，且具有地点的特异性。在缺乏各地实测数据的基础上进行大尺度的模型预测无法上推到国家乃至全球尺度的碳固持。

8.2.4.3　红树林保护与修复

红树林生态系统应对人类活动的扰动是极为敏感的。红树林保护和修复，以及良好的管理手段可以增加红树林的碳固持能力。2007 年以来，台湾北部的淡水河、关渡保护区一带的秋茄群落日渐致密，威胁水鸟的栖息地，管理部门因此开展了一定程度的疏伐。从对疏伐的过程、疏伐前后的红树林碳库的跟踪研究发现，疏伐提高了植物群落固碳量；保持最佳种群密度有利于红树林固碳（Ho et al.，2018）。2000 年以来，福建和广东的红树林修复造林如火如荼地进行，使我国成为全世界红树林面积净增加的少数几个国家之一（Liu et al.，2016）。良好的生态恢复模式，不仅能提升成熟林的质量，还能提高其固碳功能，并为节能减排提供服务，有望作为碳汇林而推广（Cameron et al.，2019）。与上述红树林退化的固碳作用研究类似，红树林保护和修复模式也是因地制宜的，不同尺度地点的定位监测数据的获得，对于深入探讨原生红树林和干扰红树林之间碳储量和温室气体排放量、固碳功能修复周期都极为重要。这些理论数据对探寻不同区域红树林的在地化发展模式十分必要，但这一定位研究体系在我国红树林领域极为欠缺。

8.2.5　红树林蓝碳的修复模式探讨

目前，国际上的红树林蓝碳行动是以保护为基础的，并正试图恢复消失和退化的红树林。然而，这些恢复项目普遍存在实施期短、生态系统功能恢复的成功率低等问题（Kodikara et al.，2017；Irving et al.，2011）。

一般来说，热带森林生物量和结构恢复需要 50 年以上（Silver et al.，2000），而红树林碳储量、土壤温室气体排放和其他生物物理特性的恢复与红树林修复的时间显著相关，需要 20～35 年（Sasmito et al.，2019；Sillanpää et al.，2017；Osland et al.，2012）。综合全球红树林修复的案例，Sasmito 等（2019）发现红树林的生长最长可在 40 年后达到未受干扰森林的生物量碳储量。然而，恢复的程度会随着修复区域、气候、沉积物类型、海岸地貌以及修复方法而发生显著变化（Pham et al.，2019；Adame et al.，2018；Schile et al.，2017；Osland et al.，2012）。例如，由于高降雨量，热带地区生物量碳的吸收速度通常比同等站点慢 10 倍（Pham et al.，2019；Adame et al.，2018）；此时，对于干旱气候区重新造林的红树林来说，纬向站点位置和降雨量对生物量恢复速率有重要影响（Schile et al.，2017）。另外，土壤底质也对红树林修复有影响，红树林在河口淤泥质黏土中的固着率远远高于碳酸钙基岩的粗砂土（Cameron et al.，2019）。

此外，以修复红树林固碳功能为目标，探寻因地制宜的红树林修复模式是目前十分紧迫的任务，这关系到红树林修复的成功率评判（Lewis et al.，2019）。目前最常见的修复模式是直接的、单一的树种造林。这种方式往往导致高失败率、低碳储量、易受生物入侵和病虫害的干扰（Lee et al.，2019；Adame et al.，2018；Duncan et al.，2016）。在我国，为了实现快速修复和构建高大的红树林外貌结构，普遍采用外来物种进行造林，这也引入了生物入侵的风险。在 Sasmito 等（2019）全球红树林修复案例的综述里，各个修复点的碳储量积累存在显著的时间变异性。红树林生物量碳的最大碳固持能力是在修复后的 15～40 年达到的。然而，目前的恢复项目很少有超过 20 年的历史，尤其在我国。对新造林和再造林的固碳效益评估需要积累 15～40 年的监测，而这个时间尺度也是判断外来种入侵的最低时限。

在我国和东南亚等地，红树林面临的最大威胁是将红树林砍伐变成养殖塘（范航清等，2017；Richards & Friess，2015；Rahman et al.，2013）。虽然在红树林转换为养殖塘的前 5～10 年水产养殖能产生很高的收入，但在这之后，由于水体污染和生产力下降，养殖塘往往被废弃。在我国红树林区，有一半左右的虾塘被废弃（范航清等，2017）。Fan 等（2013）提出一种适用于我国大量堤前红树林的"地埋管网"养殖系统进行红树林修复和生态养殖，并提出适宜废弃虾塘改造的红树林生态农场（范航清等，2017）。这些方式结合了红树林修复和可持续利用的模式，结合长期的碳储量和碳通量监测，可用于指导我国红树林蓝碳的修复工作。

8.2.6　红树林蓝碳的管理和政策研究

蓝碳的估算可以纳入国家温室气体排放清单（Hiraishi et al.，2014）。因此，通过保护和恢复红树林的活动增加固碳或减少排放等方面的收益，可以在自愿碳市场或通过《联合国气候变化框架公约》（UNFCCC）的清洁发展机制记入贷方。针对蓝碳生态系统的自愿性市场方法已在部分地区进行尝试，如美国碳登记处（American Carbon Registry）公布蓝碳进入自愿性市场（American Carbon Registry，2017）。一些国家正在制定以蓝碳为重点的气候变化缓解计划，以激励经济。如果可以避免红树林退化，则在全球范围内排放量的减少高达 0.45 $PgCO_2/a$（Pendleton et al.，2012）。因此，红树林资源丰富的发展中国家未来有机会将蓝碳作为"基于自然的解决方案"。

但是，红树林蓝碳的管理行动的执行、政策的制定和收益核算等工作刚刚起步。虽然全球蓝碳生态系统有机碳密度、固持和降解率等科学数据对于将红树林纳入气候变化缓解政策，特别是国家层面的减排政策极为重要（Taillardat et al.，2018），但是目前红树林碳储量和与土地利用变化相关的排放因素的数据库更新较慢且数据有限（Macreadie et al.，2019）。关于如何计算蓝碳的收益，目前还未达成一致的模式。此外，与其他森林类型相比，红树林的覆盖面积相对较小，其相关排放因子尚未得到独立的量化，其减排潜力可能被低估（Macreadie et al.，2019）。目前还没有一个国家将沿海红树林纳入其国家碳排放报告中。

在我国，蓝碳生态系统动态研究、支持当前排放和减排政策设置的科学数据方面还存在较大的知识空白。退化是红树林的现状（Wang et al.，2020）。退化红树林不仅会减缓单位面积的固碳速率，还将过去红树林缺氧沉积物中永久固定的碳释放到大气中，使红树林转变为碳源。因此，对于现有红树林的管理，应以保育和功能性恢复为主。此外，红树林被砍伐并转变为养殖塘是过去 40 年我国东南沿海面临的普遍问题，但也说明我国发展红树林蓝碳的潜力很大。未来大规模的"退养还湿""南红北柳"等工程，可通过阶段性生态修复——恢复养殖塘而获得新的蓝碳资源。同时，红树林资源保护和功能修复还有生态系统的附加价值，即集成生态农场、生态公园、休闲与宣教结合的红树林人工林。这不仅对减缓气候变化特别重要，同时对应对海平面上升、保持粮食供给和安全等生态系统功能维持而言，也是极为重要的。

8.3 国内外红树林蓝碳应用案例

8.3.1 国外蓝碳交易案例

碳汇交易是基于《联合国气候变化框架公约》和《京都议定书》对各国分配的二氧化碳排放指标的规定，创设出来的一种虚拟交易。它在陆地森林（绿碳）可见，但在红树林蓝碳中的应用案例很有限。在自愿碳交易市场，用于滨海湿地保护、恢复和重建的碳会计和信用工具已经存在，仅见于一些与其他开发项目相结合的小型项目中（Macreadie et al.，2019；Wylie et al.，2016）。

8.3.1.1 肯尼亚的和红树林在一起（Mikoko Pamoja）项目（Wylie et al.，2016）

Mikoko Pamoja 是肯尼亚 Gazi 湾的一个红树林恢复和造林项目，项目区域包括 117 hm^2 国有红树林。Gazi 湾的社区居民中 80%以捕鱼为生；Gazi 湾红树林还提供建材、旅游和海岸带保护的生态系统服务。由于将木材用作建筑材料而过度砍伐红树林，造成了 Gazi 湾红树林退化。这个项目是一个由社区主导的项目，由自愿碳信用贷款资助，旨在促进该地区发展、恢复红树林生态系统、加强生态系统服务（包括固碳），促进与红树林相关的可持续收入，并作为未来的项目模式（Crooks et al.，2014）。Gazi 湾社区已经与 Plan Vivo 签订了生态系统服务付费协议，Plan Vivo 负责管理碳信用，并且对固碳潜力进行了超过 5 年的研究。值得一提的是，这些碳信用只包括红树植物储存的碳，不包括土壤中的碳。这些碳信用与 UNFCCC 的任何机制均无联系，但是以这些机制为依据。

该项目已成功实施，出售碳信用所得的收入用于项目执行（包括支付一名负责红树林的种植和养护的全职工作人员薪水）和社区发展项目（Crooks et al.，2014）。至 2016 年，碳信用的年销售额为 12 500 美元，均用于社区的项目实施。Mikoko Pamoja 团队希望逐渐增加红树林保护的面积。该项目除碳外还有诸多好处，包括近海渔业增产增收以及有利于生物多样性保护和海岸带保护等。这个案例是一种对红树林蓝碳生态系统服务付费的方案，使当地社区受益，发展替代生计（Kairo et al.，2009）。当地社区得益于红树林保护，发展了多样化的收入来源，如养蜂和生态旅游，项目收益资助学校建设、购买书籍和安装水泵。项目场地附近还种植了来自陆地森林的替代木材，为当地社区提供了替代建筑材料。特别值得一提的是，项目给当地妇女提供了就业机会，因为项目由当地妇女管理，这是她们通常无法获得的生计来源。

当然，Mikoko Pamoja 项目也面临很多挑战：①市场不确定性强、碳价格波动；②项目规模小，难以实现规模经济，也难以按全球碳市场价格销售，很难找到买家；③项目协调人职位人员流动性强；④收益的资金不足以建造一个瞭望塔以防范非法红树林砍伐；⑤降雨和冲淤导致红树幼苗死亡率高。

8.3.1.2　越南市场与红树林（MAM：Markets and Mangroves）项目（Wylie et al.，2016）

越南的海鲜和水产养殖市场是一个价值 60 亿美元的产业，其中养虾占了三成，是越南的主要经济支柱之一。随着虾业的发展，过去 30 年里红树林消失了一半。湄公河三角洲是越南红树林的主要分布区，这里的红树林覆盖率急剧下降。MAM 项目始于 2012 年，位于湄公河三角洲的金瓯省（Ca Mau）。项目用地 3 371 hm^2，包括 1 715 hm^2 红树林。该项目旨在保护该地区的红树林生态系统，虾农的养虾活动能够获得有机认证，帮助虾农以更高的价格将虾卖出。认证不允许任何虾塘通过毁林建设（项目区域内每年阻止约 23.5 hm^2 的红树林损失），并规定每个农民需通过保护或种植红树，保持或增加至 50% 的红树林覆盖率。这意味着，在项目实施的前 5 年，平均每年需新造林 12.5 hm^2，5 年后总共造林 63 hm^2，以使整个项目区域达到认证所需的 50% 红树林覆盖率。

虽然一开始的目标是通过碳融资，但最终证明有机认证更有利润，这得益于全球对有机和可持续海鲜需求的增长。该项目与全球海鲜出口公司——越南明富集团（Minh Phu）合作，通过该公司购买有机虾并以高价出售。欧洲、美国和加拿大的虾市场为有机虾多支付 10%的费用。另外，红树林覆盖面积的增加也促进了虾产量的提高，这给了农民们又一个动力。当地的经济得到了发展，农民们也看到了保护红树林的直接经济效益。当然这个收益与传统养殖相比不算高，但是农民也可以从农场中收获其他物种，如螃蟹和鱼，所以总收入可能会高一点。

截至 2016 年，金瓯省（Ca Mau）有 1 150 名农民通过了欧洲有机农业产品认证 Naturland 的认证，这是一个公认的国际有机水产养殖和农业标准。MAM 项目计划进一步扩大农户数量到 6 000 人。虽然该项目没有纳入 UNFCCC 的碳融资机制，但它通过其他途径实现了同样的减排目标，并提高了越南虾业的盈利能力。通过确保项目场地 50%的红树林覆盖率，MAM 项目防止了森林砍伐、保护了现有森林，并提高了该地区的碳汇能力。

8.3.1.3 印度孙德尔本斯红树林修复项目（Wylie et al.，2016）

孙德尔本斯红树林位于印度的西孟加拉邦和孟加拉国南部之间，是地球上连片面积最大的河口红树林。在过去的 40 年里，由于海平面上升、风暴潮频发和岸线侵蚀，红树林生态系统迅速退化。人口增长、捕虾等人为活动的干扰，导致该地区红树林退化。印度孙德尔本斯红树林修复项目（India Sundarbans Mangrove Restoration Project）计划在 3 年内种植的 6 000 hm^{2}红树林，在未来 20 年在其生物量和土壤中固存 70 万 t 碳。该项目旨在减少碳排放、缓解气候变暖和保护生物多样性。新的红树林群落还可为当地社区提供木材和水产养殖机会。该项目已作为核证减排标准（Verified Carbon Standard，VCS）分组项目实施，覆盖了孙德尔本斯的 4 个区域。大部分资金作为工作报酬分配给社区，其余资金用于碳补偿认证、所需的技术调查和科学监测。

截至 2015 年 9 月，该项目已得到认证；UNFCCC 发放了减排信用。红树种植和修复工程已达 5 600 hm^2，而且红树林的固碳量几乎是预期的 3 倍。此外，该项目还提供了一些额外的生态效益，社区经济正逐渐受益于红树林的恢复。此外，该项目还具有社会效益。当地妇女接受红树林种植培训，获得了工作报酬，使当地妇女能够在贫困线以下的地区从事有意义的工作。

8.3.2 我国红树林的"碳中和"案例

碳中和（carbon neutral），是指通过计算 CO$_2$ 的排放总量，通过植树等方式把这些排放量吸收掉，最终达到"零碳排放"的目的。在陆地森林中，应用绿色碳汇概念，实施造林、再造林和森林管理，进而达到造林减排。然而，由于蓝碳评估机制尚未有明确的定义或标准，迄今各国尚未将滨海蓝碳纳入其减缓气候变化或海岸带管理政策和行动中。

随着人们对滨海湿地蓝碳减缓气候变化的认识不断深入，保护和恢复红树林生态系统也得到越来越多的关注，主要体现在国际和国家减缓气候变化政策和财政机制中。应用红树林作为碳汇林或者进行"碳中和"的尝试也随之出现。例如，2010年以来，我国主办的政府间国际会议陆续采用"碳中和"模式实现"零碳排放"目标，即通过植树造林等碳汇手段吸收会议交通、食宿、会场用电产生的 CO_2 排放量，这些主要在陆地森林中应用。2017 年金砖国家领导人厦门会晤碳中和项目是目前报道的第一个应用红树林蓝碳进行碳中和的项目。

2017 年 8 月 22 日，金砖国家领导人厦门会晤碳中和项目正式启动。厦门市于2018 年 3—4 月组织在下潭尾滨海湿地公园开展红树林造林 38.7 hm²，在未来 20 年完全"吸收"厦门会晤产生的 CO_2 排放（约为 3 095 t CO_2 当量），实现零排放目标。这是继 2010 年联合国气候变化天津会议、2014 年 APEC 领导人北京会议、2016 年G20 杭州峰会之后，我国政府实施碳中和项目的第四次大型国际会议。这些国际会议均是以植树造林的方式来实现碳中和，而厦门会晤碳中和项目也是我国首例以红树林为主体的碳汇项目。

8.4　中国红树林蓝碳的发展展望

我国 CO_2 减排压力与日俱增，海岸带蓝碳潜力的挖掘、维持和提升是未来最经济、最高效的固碳方式。近年来，关于红树林蓝碳的研究报道有所增多，提升了我们对红树林固碳格局和维持机制的认识。针对我国红树林蓝碳发展的现状和面临的挑战，我们提出以下展望：

（1）系统研究红树林蓝碳碳汇形成机理并分析时空分布格局，推进对全球变化响应的基础研究；建立红树林蓝碳碳汇计量标准、评估体系及蓝碳生态系统保护网络。

近年来我国红树林蓝碳的研究和报道日益增多，但是还需要针对红树林蓝碳碳汇形成机理、碳汇的时空分布格局等进行系统研究，以指导我国红树林碳汇的计量标准和评估体系建立。我国需尽快启动蓝碳生态系统的行动计划，摸清家底，甄别蓝碳保护的优先区域，建立相应的保护网络。未来我国红树林蓝碳碳汇的研究重点还应包括以下几个方面。

① 加强碳汇形成机理及其全球变化响应的基础研究。

现有的研究对红树林蓝碳碳汇的形成机理的认识还有待深入探讨，特别是全球变化下红树林固碳能力的维持机制、红树林生态系统的脆弱性、现有林和再造林的固碳功能提升方法等理论和应用基础研究，以用于指导红树林碳汇林建设。

② 建立我国红树林的蓝碳碳汇评估体系。

目前红树林碳汇估算的方法主要依据有：2012 年国际林业研究中心（CIFOR）出版的《红树林结构、生物量和碳储量测定、监测和报告的规程》、2013 年 UNFCCC 批准的《红树林造林和再造林碳汇计量标准方法 AR-AM0014》、2014 年保护国际、IUCN 和联合国教科文组织联合发行的《滨海蓝碳：红树林、盐沼、海草床碳储量和碳排放因子评估方法》等。这些蓝碳碳汇计量的国际方法虽然适用于红树林乔木、灌木的碳汇计量，但针对我国海南以外红树林区的碳计量可能存在较大偏差。例如，这些方法的生物量估算方法是基于物种的异速生长方程而得到的，而我国红树植物种类常形成灌木状，对其生物量的估算需要建立适宜地区特色的异速生长方程。在碳通量的估算上，也缺乏用统一方法规范监测的监测网络。因此，针对我国红树林特色，整合现有科学数据和现有技术，建立一套连续的、适用不同尺度研究的评估方法是十分有必要的。

③ 开展我国红树林蓝碳碳库和碳汇的清查。

在建立统一方法的基础上，对我国红树林蓝碳碳储量和碳通量进行家底清查。我国红树林呈现破碎化特征、群落类型众多、同类群落因分布区差异呈现的结构差异大（例如，秋茄群落在福建福鼎呈灌木状，而在福建九龙江口呈乔木状；广西境内的白骨壤呈低矮灌木，而在海南为中等乔木），需开展基于联合国政府间气候变化专门委员会（IPCC）碳排放因子评估的最高级别——等级 3 进行的红树林碳库和碳汇核查，建立中国红树林蓝碳的空间格局和动态数据库。在此基础上，从不同区域红树林碳库存能力入手，开发有自主知识产权的红树林蓝碳的碳过程模型，分析我国红树林碳汇热点区域，在生态系统、区域和国家尺度评价中国红树林蓝碳通量及其对国家碳平衡的贡献，为不同的生态系统修复和管理手段提供基础数据。

（2）以蓝碳为契机，正确认识我国红树林蓝碳发展潜力，加强红树林保护和生态系统固碳功能提升。

在海岸带蓝碳概念提出后，红树林固碳功能被广泛认识，这成为红树林湿地保护的契机。我国的红树林分布在东南沿海和北部湾沿岸，经济的高速增长导致过去60 多年来红树林面积骤减，现有面积仅为中华人民共和国成立初期红树林总面积的一半。虽然我国红树林总面积远低于热带地区，植株矮小且生物量低，但是成熟红树林的土壤碳储量和碳累积率基本上为全球平均值。在我国，河流上游水土流失较严重、近岸水体携带的泥沙量大，导致红树林茎干和地上根系捕获的沉积物碳较高，促进了红树林土壤碳累积。中、低潮位的光滩区域一直是红树林营造的主要区域，由此发展的逆境造林技术有效提高了红树林成活率，成绩斐然。未来应该将废弃鱼塘作为红树林蓝碳发展区域。可见，我国在红树林蓝碳战略发展上具有潜力。

在推进生物多样性和生态保护基础上，借鉴可能导致全球蓝碳消失的各项人类活动，如严格管制围填海、红树林砍伐、陆地作物过量施肥导致水体富营养化、沿海渔业的不可持续性运营以及通过海岸开发修复海岸线等，建立相应的生态补偿机制，以提高红树林生态系统的稳定性、适应性和生态服务功能，促进社区发展等红树林多重效益，并针对红树林生态系统的固碳功能，提升其碳汇能力。

（3）加强示范项目的研究投入，因地制宜研发蓝碳的多元化的海岸带发展模式。

除固碳功能外，红树林生态系统具有维持海岸带生态安全、保护生物多样、为社区提供生计的生态系统服务功能。国内外已开始针对红树林蓝碳开展了一些案例研究，并获得了较好的效果。未来可参照已有蓝碳碳汇发展案例，建立适合中国的红树林的蓝碳工程示范区域，因地制宜研发多元化、可持续的海岸带蓝碳发展模式。例如，广西珍珠湾的地埋管网红树林生态养殖模式既可通过光滩造林提高蓝碳碳汇，还能为当地社区带来经济收益（范航清等，2017）；将废弃虾塘改造为红树林生态农场的过程还可以获得蓝碳的效益（Elwin et al.，2019；范航清，2017；Matsui et al.，2012）。

另外，还可加强管理手段的研发，通过管控各项导致生境破坏和红树林丧失的生产方式，从维系生物多样性和生态系统健康行使功能的角度，提升现有红树林的蓝碳碳汇潜力。例如，借鉴陆地森林中通过社区监测方法和管理干预的方式，在保护生物多样性的同时，保护和维持红树林这类富碳系统。

（4）加大宣传力度，提升社区和企业认可度，加快地方经济向蓝碳经济转型。

基于红树林蓝碳碳汇恢复和维持的研究数据，深入探讨和建立相应经济激励机制，包括碳补偿贸易，也包括项目资格、附加性和持续性等管理和政策层面问题，开展红树林碳汇林项目的社会经济学分析，包括对本地社区、生产方式和工业化进程的影响等。通过试点工程，加大宣传力度，提升公众应对气候变化和保护气候的意识，提升社区和企业的责任意识。跨越科学、政策和管理方面存在的知识鸿沟，将现有和新的蓝碳试点项目的有效示范成果、监测报告和经济效益集成为科普教程，推荐给企业和公众，引导其积极参与造林增汇、自愿减排应对气候变化活动，加快地方经济向可持续的蓝碳经济转型。

参考文献

范航清，阎冰，吴斌，等. 2017. 虾塘还林及其海洋农牧化构想[J]. 广西科学，24（2）：127-134.

国家林业局，2013. 中国湿地资源（总卷）[M]. 北京：中国林业出版社.

焦念志，梁彦韬，张永雨，等. 2018. 中国海及邻近区域碳库与通量综合分析[J]. 中国科学：地球科学，48（11）：1393-1421.

廖宝文，郑松发，陈玉军，等. 2004. 外来红树植物无瓣海桑生物学特性与生态环境适应性分析[J]. 生态学杂志，4（1）：10-15.

林鹏，1997. 中国红树林生态系[J]. 北京：科学出版社.

宁中华，谢湉，刘泽正，等. 2018. 入侵物种对滨海湿地生态系统的生物地貌影响综述[J]. 北京师范大学学报（自然科学版），54（1）：73-80.

王秀君，章海波，韩广轩，2016. 中国海岸带及近海碳循环与蓝碳潜力[J]. 中国科学院院刊，31（10）：1218-1225.

周晨昊，毛覃愉，徐晓，等. 2016. 中国海岸带蓝碳生态系统碳汇潜力的初步分析[J]. 中国科学：生命科学，46（4）：475-486.

自然资源部，2019.中国海平面公报[R].

Adame M F，Zakaria R M，Fry B，et al.，2018. Loss and recovery of carbon and nitrogen after mangrove clearing[J]. Ocean & Coastal Management，161：117-126.

Alongi D M，2014. Carbon cycling and storage in mangrove forests[J]. Annual Review of Marine Science，6：195-219.

American Carbon Registry，2017. Restoration of California Deltaic and Coastal Wetlands[M]. Washington，DC，USA：American Carbon Registry. http://americancarbonregistry.org/carbon-accounting/ standands-methodologies/restoration-of-california-deltaic-and-coastal-wetlands.

Atwood T B，Connolly R M，Almahasheer H，et al.，2017. Global patterns in mangrove soil carbon stocks and losses[J]. Nature Climate Change，7（7）：523-528.

Barr J G，Engel V，Fuentes J D，et al.，2010. Controls on mangrove forest‐atmosphere carbon dioxide exchanges in western Everglades National Park[J]. Journal of Geophysical Research：Biogeosciences，115（G2），G02020.

Barr J G，Engel V，Smith T J，et al.，2012. Hurricane disturbance and recovery of energy balance，CO_2 fluxes and canopy structure in a mangrove forest of the Florida Everglades[J]. Agricultural and Forest Meteorology，153：54-66.

Bianchi T S，Allison M A，Zhao J，et al.，2013. Historical reconstruction of mangrove expansion in the

Gulf of Mexico：linking climate change with carbon sequestration in coastal wetlands[J]. Estuarine，Coastal and Shelf Science，119：7-16.

Bouillon S，Borges A V，Castañeda‐Moya E，et al.，2008. Mangrove production and carbon sinks：a revision of global budget estimates[J]. Global Biogeochemical Cycles，22（2）.

Breithaupt J L，Smoak J M，Smith III T J，et al.，2012. Organic carbon burial rates in mangrove sediments：Strengthening the global budget[J]. Global Biogeochemical Cycles，26（3）.

Cameron C，Hutley L B，Friess D A.，2019. Estimating the full greenhouse gas emissions offset potential and profile between rehabilitating and established mangroves[J]. Science of the Total Environment，665：419-431.

Chen H，Lu W，Yan G，et al.，2014. Typhoons exert significant but differential impacts on net ecosystem carbon exchange of subtropical mangrove forests in China[J]. Biogeosciences，11（19）：5323-5333.

Chen L，Tam N F Y，Wang W，et al.，2013. Significant niche overlap between native and exotic Sonneratia mangrove species along a continuum of varying inundation periods[J]. Estuarine，Coastal and Shelf Science，117：22-28.

Chen Y，Li Y，Cai T，et al.，2016. A comparison of biohydrodynamic interaction within mangrove and saltmarsh boundaries[J]. Earth Surface Processes and Landforms，41（13）：1967-1979.

Chowdhury R R，Uchida E，Chen L，et al.，2017. Anthropogenic drivers of mangrove loss：Geographic patterns and implications for livelihoods[M]. Mangrove ecosystems：A global biogeographic perspective. Springer，Cham，275-300.

Crooks S，Orr M，Emmer I，et al.，2014. Guiding principles for delivering coastal wetland carbon projects. Nairobi，Kenya and Bogor[J]. UNEP and CIFOR.

Cui X，Liang J，Lu W，et al.，2018. Stronger ecosystem carbon sequestration potential of mangrove wetlands with respect to terrestrial forests in subtropical China[J]. Agricultural and Forest Meteorology，249：71-80.

Defew L H，Mair J M，Guzman H M.，2005. An assessment of metal contamination in mangrove sediments and leaves from Punta Mala Bay，Pacific Panama[J]. Marine Pollution Bulletin，50（5）：547-552.

Donato D C，Kauffman J B，Mackenzie R A，et al.，2012. Whole-island carbon stocks in the tropical Pacific：Implications for mangrove conservation and upland restoration[J]. Journal of Environmental Management，97：89-96.

Donato D C，Kauffman J B，Murdiyarso D，et al.，2011. Mangroves among the most carbon-rich forests in the tropics[J]. Nature Geoscience，4（5）：293-297.

Duarte C M，Middelburg J J，Caraco N.，2005. Major role of marine vegetation on the oceanic carbon cycle[J]. Biogeosciences，2（1）：1-8.

Duarte C M.，2017. Reviews and syntheses：Hidden forests，the role of vegetated coastal habitats in the ocean carbon budget[J]. Biogeosciences，14（2）：301-310.

Duke N C，Meynecke J O，Dittmann S，et al.，2007. A world without mangroves？[J]. Science，317（5834）：41-42.

Duncan C，Primavera J H，Pettorelli N，et al.，2016. Rehabilitating mangrove ecosystem services：A case study on the relative benefits of abandoned pond reversion from Panay Island，Philippines[J]. Marine Pollution Bulletin，109（2）：772-782.

Ellison J C，1993. Mangrove retreat with rising sea-level，Bermuda[J]. Estuarine，Coastal and Shelf Science，37（1）：75-87.

Elwin A，Bukoski J J，Jintana V，et al.，2019. Preservation and recovery of mangrove ecosystem carbon stocks in abandoned shrimp ponds[J]. Scientific Reports，9（1）：1-10.

Fan H，He B，Pernetta J C，2013. Mangrove ecofarming in Guangxi Province China：an innovative approach to sustainable mangrove use[J]. Ocean & Coastal Management，85（Part B）：201-208.

Feng J，Zhou J，Wang L，et al.，2017. Effects of short-term invasion of Spartina alterniflora and the subsequent restoration of native mangroves on the soil organic carbon，nitrogen and phosphorus stock[J]. Chemosphere，184（10）：774-783.

Gilman E，Ellison J C，Duke N C，et al.，2008. Threats to mangroves from climate change effects and natural hazards and mitigation opportunities[J]. Aquatic Botany，89（2）：237-250.

Granek E，Ruttenberg B I，2008. Changes in biotic and abiotic processes following mangrove clearing[J]. Estuarine，Coastal and Shelf Science，80（4）：555-562.

Herr D，Landis E，2016. Coastal blue carbon ecosystems. Opportunities for nationally determined contributions. Policy brief[M]. Gland，Switzerland：IUCN. Washington，DC：TNC.

Hiraishi，T.，Krug，T.，Tanabe，K.，et al.（eds.），2014. 2013 Supplement to the 2006 IPCC Guidelines for National Greenhouse Gas Inventories：Wetlands. Published：IPCC，Switzerland.

Ho C W，Huang J S，Lin H J，2018. Effects of tree thinning on carbon sequestration in mangroves[J]. Marine and Freshwater Research，69（5）：741-750.

Howard，J.，Hoyt，S.，Isensee，K.，et al. 2014. Coastal Blue Carbon：Methods for assessing carbon stocks and emissions factors in mangroves，tidal salt marshes，and seagrasses[J]. Journal of American History，14（4）：4-7.

Hutchison J，Manica A，Swetnam R，et al.，2014. Predicting global patterns in mangrove forest biomass[J]. Conservation Letters，7（3）：233-240.

Irving A D，Connell S D，Russell B D，2011. Restoring coastal plants to improve global carbon storage：reaping what we sow[J]. PloS One，6（3）：e18311.

Ishtiaque A，Myint S W，Wang C，2016. Examining the ecosystem health and sustainability of the world's largest mangrove forest using multi-temporal MODIS products[J]. Science of the Total

Environment，569：1241-1254.

Jennerjahn T C，Gilman E，Krauss K W，et al.，2017. Mangrove ecosystems under climate change[M]. Mangrove ecosystems：a global biogeographic perspective. Springer，Cham，pp.211-244.

Kairo J G，Wanjiru C，Ochiewo J，2009. Net pay：economic analysis of a replanted mangrove plantation in Kenya[J]. Journal of Sustainable Forestry，28（3-5）：395-414.

Kauffman J B，Heider C，Norfolk J，et al.，2014. Carbon stocks of intact mangroves and carbon emissions arising from their conversion in the Dominican Republic[J]. Ecological Applications，24（3）：518-527.

Kelleway J J，Saintilan N，Macreadie P I，et al.，2016. Seventy years of continuous encroachment substantially increases 'blue carbon' capacity as mangroves replace intertidal salt marshes[J]. Global Change Biology，22（3）：1097-1109.

Kodikara K A S，Mukherjee N，Jayatissa L P，et al.，2017. Have mangrove restoration projects worked？ An in‐depth study in Sri Lanka[J]. Restoration Ecology，25（5）：705-716.

Krauss K W，McKee K L，Lovelock C E，et al.，2014. How mangrove forests adjust to rising sea level[J]. New Phytologist，202（1）：19-34.

Krauss K W，Osland M J，2020. Tropical cyclones and the organization of mangrove forests：a review[J]. Annals of Botany，125（2）：213-234.

Lee S Y，Hamilton S，Barbier E B，et al.，2019. Better restoration policies are needed to conserve mangrove ecosystems[J]. Nature Ecology & Evolution，3（6）：870-872.

Lewis R R，Brown B M，Flynn L L，2019. Methods and criteria for successful mangrove forest rehabilitation[M]. Coastal wetlands. Elsevier，863-887.

Li S B，Chen P H，Huang J S，et al.，2018a. Factors regulating carbon sinks in mangrove ecosystems[J]. Global change biology，24（9）：4195-4210.

Li Y，Qiu J，Li Z，et al.，2018b. Assessment of blue carbon storage loss in coastal wetlands under rapid reclamation[J]. Sustainability，10（8）：2818.

Liu H，Ren H，Hui D，et al.，2014. Carbon stocks and potential carbon storage in the mangrove forests of China[J]. Journal of Environmental Management，133（1）：86-93.

Liu Z，Cui B，He Q，2016. Shifting paradigms in coastal restoration：Six decades' lessons from China[J]. Science of the Total Environment，566（10）：205-214.

Lovelock C E，Feller I C，Ellis J，et al.，2007. Mangrove growth in New Zealand estuaries：the role of nutrient enrichment at sites with contrasting rates of sedimentation[J]. Oecologia，153（3）：633-641.

Lovelock C E，Ball M C，Martin K C，et al.，2009. Nutrient enrichment increases mortality of mangroves[J]. PloS One，4（5）：e5600.

Lovelock C E, Cahoon D R, Friess D A, et al., 2015. The vulnerability of Indo-Pacific mangrove forests to sea-level rise[J]. Nature, 526（7574）: 559-563.

Lu W, Yang S, Chen L, et al., 2014. Changes in carbon pool and stand structure of a native subtropical mangrove forest after inter-planting with exotic species Sonneratia apetala[J]. PLoS One, 9（3）: e91238.

Lu W, Xiao J, Cui X, et al., 2019. Insect outbreaks have transient effects on carbon fluxes and vegetative growth but longer-term impacts on reproductive growth in a mangrove forest[J]. Agricultural and Forest Meteorology, 279: 107747.

Lunstrum A, Chen L, 2014. Soil carbon stocks and accumulation in young mangrove forests[J]. Soil Biology and Biochemistry, 75: 223-232.

Macreadie P I, Anton A, Raven J A, et al., 2019. The future of Blue Carbon science[J]. Nature communications, 10（1）: 1-13.

Matsui N, Morimune K, Meepol W, et al., 2012. Ten year evaluation of carbon stock in mangrove plantation reforested from an abandoned shrimp pond[J]. Forests, 3（2）: 431-444.

McKee K L, Cahoon D R, Feller I C, 2007. Caribbean mangroves adjust to rising sea level through biotic controls on change in soil elevation[J]. Global Ecology and Biogeography, 16（5）: 545-556.

Nellemann C, Corcoran E. 2009. Blue carbon: the role of healthy oceans in binding carbon: a rapid response assessment[M]. UNEP/Earthprint.

Nitto D D, Neukermans G, Koedam N, et al., 2014. Mangroves facing climate change: landward migration potential in response to projected scenarios of sea level rise[J]. Biogeosciences, 11（3）: 857-871.

Osland M J, Spivak A C, Nestlerode J A, et al., 2012. Ecosystem development after mangrove wetland creation: plant–soil change across a 20-year chronosequence[J]. Ecosystems, 15（5）: 848-866.

Osland M J, Enwright N M, Day R H, et al., 2016. Beyond just sea‐level rise: Considering macroclimatic drivers within coastal wetland vulnerability assessments to climate change[J]. Global Change Biology, 22（1）: 1-11.

Pendleton L, Donato D C, Murray B C, et al., 2012. Estimating global "blue carbon" emissions from conversion and degradation of vegetated coastal ecosystems[J]. PLoS One, 7（9）: e43542.

Pham T D, Xia J, Ha N T, et al., 2019. A review of remote sensing approaches for monitoring blue carbon ecosystems: Mangroves, seagrassesand salt marshes during 2010–2018[J]. Sensors, 19（8）: 1933.

Rahman A F, Dragoni D, Didan K, et al., 2013. Detecting large scale conversion of mangroves to aquaculture with change point and mixed-pixel analyses of high-fidelity MODIS data[J]. Remote Sensing of Environment, 130: 96-107.

Ray R, Ganguly D, Chowdhury C, et al., 2011. Carbon sequestration and annual increase of carbon stock in a mangrove forest[J]. Atmospheric Environment，45（28）：5016-5024.

Reef R，Spencer T，Möller I，et al.，2017. The effects of elevated CO$_2$ and eutrophication on surface elevation gain in a European salt marsh[J]. Global change biology，23（2）：881-890.

Richards D R，Friess D A，2016. Rates and drivers of mangrove deforestation in Southeast Asia，2000–2012[J]. Proceedings of the National Academy of Sciences，113（2）：344-349.

Rogers K，Kelleway J J，Saintilan N, et al.，2019. Wetland carbon storage controlled by millennial-scale variation in relative sea-level rise[J]. Nature，567（7746）：91-95.

Rovai A S，Riul P，Twilley R R, et al.，2016. Scaling mangrove aboveground biomass from site‐level to continental‐scale[J]. Global Ecology and Biogeography，25（3）：286-298.

Rovai A S，Twilley R R，Castañeda-Moya E，et al.，2018. Global controls on carbon storage in mangrove soils[J]. Nature Climate Change，8（6）：534-538.

Sanders C J，Smoak J M，Waters M N，et al.，2012. Organic matter content and particle size modifications in mangrove sediments as responses to sea level rise[J]. Marine environmental research，77：150-155.

Sasmito S D，Taillardat P E，Clendenning J C，2019. Supporting data of the paper A systematic review on the effect of land-use and land-cover changes on mangrove blue carbon-Global dataset-2019[DB]. Center for International Forestry Research（CIFOR）.

Saunders M I，Leon J X，Callaghan D P，et al.，2014. Interdependency of tropical marine ecosystems in response to climate change[J]. Nature Climate Change，4（8）：724-729.

Schile L M，Kauffman J B，Crooks S，et al.，2017. Limits on carbon sequestration in arid blue carbon ecosystems[J]. Ecological Applications，27（3）：859-874.

Schuerch M，Spencer T，Temmerman S，et al.，2018. Future response of global coastal wetlands to sea-level rise[J]. Nature，561（7722）：231-234.

Sillanpää M，Vantellingen J，Friess D A，2017. Vegetation regeneration in a sustainably harvested mangrove forest in West Papua，Indonesia[J]. Forest Ecology and Management，390：137-146.

Silver W L，Ostertag R，Lugo A E，2000. The potential for carbon sequestration through reforestation of abandoned tropical agricultural and pasture lands[J]. Restoration Ecology，8（4）：394-407.

Taillardat P，Friess D A，Lupascu M，2018. Mangrove blue carbon strategies for climate change mitigation are most effective at the national scale[J]. Biology Letters，14（10）：20180251.

Tian Y，Chen G，Lu H，et al.，2019. Effects of shrimp pond effluents on stocks of organic carbon，nitrogen and phosphorus in soils of Kandelia obovata forests along Jiulong River Estuary[J]. Marine Pollution Bulletin，149：110657.

UNFCCC V，2015. Adoption of the Paris Agreement I：Proposal by the President（Draft Decision）[R]. United Nations Office，Geneva，Switzerland.

Wang G, Guan D, Xiao L, et al., 2019. Ecosystem carbon storage affected by intertidal locations and climatic factors in three estuarine mangrove forests of South China[J]. Regional Environmental Change, 19 (6): 1701-1712.

Wang W, Fu H, Lee S Y, et al., 2020. Can strict protection stop the decline of mangrove ecosystems in China? From rapid destruction to rampant degradation[J]. Forests, 11 (1): 55.

Wylie L, Sutton G A, Moore A, 2016. Keys to successful blue carbon projects: lessons learned from global case studies[J]. Marine Policy, 65: 76-84.

第 9 章

国外红树林保护、修复与可持续利用案例

红树林的海岸防护功能在 2004 年的印度洋海啸后被更多的人所认识，也使得红树林保护和修复受到更广泛的重视。东南亚地区是世界红树林分布中心，分布着多种红树植物且植被发育良好，在保护与修复方面也积累了丰富的经验。本章介绍了部分东南亚国家红树林保护、修复和可持续利用案例，以期为中国的红树林保护和修复工作提供借鉴。

9.1 马来西亚红树林修复

9.1.1 背景

马来西亚的红树林由于长期受到围垦、围塘养殖、农业和油棕种植等的影响，面临着红树林面积缩减和生态系统功能退化的危机。2004 年印度洋海啸后，马来西亚政府承诺开展沿海地区红树林的保护和恢复，以持续维持红树林抵御极端气候灾害的功能，尽最大可能减少海啸对沿海居民的影响。2005 年年初，马来西亚自然资源和环境部（Ministry of Natural Resources and Environment Malaysia）分别成立了规划与执行技术委员会、研究与开发技术委员会和监测技术委员会来共同推动马来西亚海岸带红树林和沿海防护林的保护和修复工作。2013 年，马来西亚自然资源和环境部对项目的成效进行了评估，并在 2014 年出版 *Outcome Evaluation Report of the Planting Program of Mangrove and Suitable Species Along the National Coastline*。本小节主要就马来西亚 2005 年以来在红树林修复方面的成效和经验进行总结。

9.1.2 保护与修复行动

马来西亚海岸带红树林和沿海防护林项目通过保护和修复海岸带森林，以减少自然灾害和侵蚀对滨海湿地生态系统造成的破坏，同时通过修复来构建生物多样性走廊并提升沿海生物资源的丰度。项目主要通过 3 个行动来推动目标的实现，包括：

①建立缓冲区以防止海浪和风的侵蚀并减少污染；②提升环境质量和审美价值的同时，开发自然友好型经济方式来促进保护与发展的平衡并进；③开展公众宣传教育，提升社会大众对海岸带森林生态系统重要性的认识。

2005—2015 年，马来西亚政府共筹资 4 500 万马来西亚林吉特（约 7 340 万元人民币），主要用于在海岸带种植红树林及其他适宜树种、研究与开发相关技术以及公众宣传教育等工作。此外，马来西亚各州政府也将各自财政预算积极投入红树林修复项目中。项目执行时间为 2005—2012 年，包括 3 个执行阶段：①2005 年正式由 3 个委员会组织开始实施；②2010 年审查评估项目的执行情况；③2013 年开展并完成项目成果评估。

9.1.2.1 核心技术委员会和支持部门

设立于马来西亚联邦政府国家特别工作小组下的 3 个核心技术委员会——规划与执行技术委员会、研究与开发技术委员会和监测技术委员会——分别承担着不同职能，但相互协调合作以保障项目的成功实施。此外，民间机构也在推动项目顺利实施过程中扮演着重要角色。

（1）规划与执行技术委员会。

该委员会主要负责规划修复工程、选定修复地点以及实地监测项目进展等工作。

适宜修复地的选取是保证项目可持续的最重要环节之一。首要的修复地点一般是与红树林分布地相近的滨海地带，而具体的修复方式方法则会根据该地区受风浪侵蚀的风险高低而定。低风险地区会采用传统的红树林复种方法，而高风险地区则需要研究与开发技术委员会来进一步评估并制定相对应的方案。复种物种的选择则会以先锋物种和当地物种为主，以同时保障修复红树林生态系统的多样性并减少复种林的死亡率。项目所栽种物种包括红树、红茄苳等在内的近 20 种红树植物，以及木麻黄、红厚壳等 6 种海岸植物。

项目覆盖了马来西亚全国的海岸线，包括马来半岛、沙巴和砂拉越等 13 个州，总面积 2 440 hm^2，造林数量 630 万株。为保障复种项目的成功落地，规划与执行技术委员会同时也负责实地监测红树林生长情况、野生动物（如食蟹猕猴）和人类对复种林的干扰破坏行为等，并定期开展补种工作。

（2）研究与开发技术委员会。

研究与开发技术委员会由马来西亚森林研究院主持，同时邀请相关政府部门、科研机构等作为该委员会的成员。该委员会主要负责协调各机构间的研究活动、监测复种项目实施情况、传播并发表相关研究成果、提供技术指导、开发复种技术、控制病虫害和评估种植成效等（Mohti et al.，2014）。在项目实施前，马来西亚政府的红树林修复经验几乎为零，通过研究与开发技术委员会 8 年的研究与创新，马来西亚积累了宝贵的红树林修复经验，包括独创性的复种技术和确保红树林正常生长的防浪技术（如 Geo-tubes 等，图 9-1）。

图 9-1　为红树林生长营造适宜水文环境的 Geo-tubes　（Mohti et al.，2014）

同时，该委员会也负责对新种植地开展包括侵蚀风险、水文、土壤等环境参数的评估，为选定合适的树种和技术开展复种工程提供科学支持。研究与开发技术委员会对项目的科学评估，加之规划与执行技术委员会对项目的科学规划、实施，共同保证了红树林修复项目的科学性与可行性，促进了项目的成功实施。

（3）监测技术委员会。

监测技术委员会由森林管理部门牵头组成，主要负责对红树林修复项目的跟踪监测、评估等工作，可为该项目提供及时反馈，从而确保项目的可持续性。

为高效实施监测并增强项目管理能力，马来西亚政府组织开发了一套国家海岸带信息管理系统（e-PESISIR）。这一系统充分利用 GIS、遥感图像、信息通信（ICT）等技术，对全国范围内的红树林修复项目进行监测，并辅助联邦政府和各州政府的林业部门进行更为科学有效的规划、执行与监测。这一系统作为一个收集、储存并整合高精度实时遥感图像的数据库，极大地帮助和促进了研究人员和管理人员系统地整合并利用相关数据，以指导该项目完成可持续的落地实施。

（4）民间机构（NGOs）。

在项目的实施过程中，NGOs 扮演了非常重要的传播角色，积极向公众宣传项目的相关信息与成果，以提高公众对红树林的保护意识。截至 2016 年，已有 11 家 NGOs 以及相关社区组织参与红树林修复的宣传工作，包括世界环境中心（WEC）、世界自然基金会（WWF）等。这些 NGOs 和社区组织也从该项目的资金中获取了小部分的资助，以支持开展宣传活动。

NGOs 在各地社区、学校以及高校里，主要通过讲座、展览、红树林种植活动、发放宣传材料等方式，向公众传递红树林修复的意义，同时对项目本身进行科普和宣传。NGOs 的宣传活动拉近了由政府主持的红树林修复项目与社区之间的距离，并通过公众的参与将该项目拓展至社区，以充分发动社区力量来共同促进项目目标的实现。

9.1.3　保护与修复成效

项目经过 8 年的实施，顺利完成并超出部分预期目标（表 9-1）。在马来西亚全国 409 个地点的 118.5 km 长的海岸线造林，完成造林面积 2 440.04 hm²，植树 630 万株；共建立 6 个恢复区和服务区，含渔业、娱乐、生态旅游和研究场所，并在其中一个区开展科学研究工作；举办了 52 场活动，出版了 20 部（册）不同类型的出版物。

表 9-1　马来西亚红树林保护与修复项目目标和成效

目标	产出		成果	
	预期	实际	预期	实际
以恢复海岸为目标的自然保护，减少自然灾害和侵蚀造成的破坏	计划在全国 400 个地点的 100 km 海岸线造林	在全国 409 个地点的 118.5 km 海岸线造林	增加海岸生态系统稳定性	● 海岸植物物种：91%的地点建立了稳定的植被（造林成活率超过 50%）；25%的地点的植被得到恢复（群落覆盖度超过 50%）； ● 红树植物物种：62%的地点建立了稳定的植被；26%的地点植被得到恢复
			创建自然海岸保护区	● 马来半岛的 201 个村庄的村民获利； ● 超过 118.5 km 的海岸线已种植植物，其中 69.3 km 海岸线的植被得到恢复

目标	产出		成果	
	预期	实际	预期	实际
建立缓冲区,防止海浪侵蚀、防止污染	计划种植植被2 000 hm²;植物 600 万株	种植植被2 440.04 hm²;植物 630 万株	建立缓冲区,保护沿海地区的居民和生态系统	● 建立红树植物缓冲区:28 个地点的缓冲区宽度大于 100 m,14 个地点的宽度小于 100 m;6 个地点的树高高于 5 m,41 个地点的树高低于 5 m; ● 建立木麻黄缓冲区:6 个地点的缓冲区宽度大于 100 m,79 个地点的宽度小于 100 m;42 个地点的树高高于 5 m,28 个地点的树高低于 5 m
恢复海岸带生态系统,建成生物多样性走廊	计划在全国400 个地点造林	在全国 409 个地点造林	修复海岸带生态系统	● 全国 409 个地点的海岸线得到修复,建立生物多样性走廊。相关研究还在进行
			估算碳储量	● 林龄 4～13 年红树林:碳储量7.25～83.35 MgC/hm²,碳固持1.7～6.0 MgC/（hm²·a）; ● 林龄 4～7 年木麻黄林:碳储量3.02～103.62 MgC/hm²,碳固持 1.7～6.0 MgC/(hm²·a)
提升环境质量、提升美学价值,吸引游客	计划在 2 个区域提升	建立 6 个恢复区和服务区,含渔业、娱乐、生态旅游和研究场所	提升环境服务,含渔业、娱乐、生态旅游和研究场所	● 已修复 6 个区域,开发为适合娱乐、生态旅游以及研究的场所
	计划在 1 个区域提升	已在 1 个区域开展科学研究	提升当地居民的社会经济地位	● 在吉兰丹三角洲开展研究,并发现:在红树林种植后,当地居民家庭收入增加;区域红树林碳储量为 3 729 Mg,价值44 752 马来西亚林吉特
提升社会对海岸带森林生态系统重要性的认识	计划举办 40场活动	举办 52 场活动	鼓励社会各界参与沿海森林恢复活动	● 来自非政府组织、学生、渔民、沿海地区居民以及公共和私营部门的32 115 人参加活动。参加 11 项地方政府间的红树林恢复活动
	计划出版 16部出版物	出版 20 部出版物	制作出版物,包括年报、种植手册、研究报告和日程	● 已出版各类出版物

在 2013 年对红树林种植项目的调查评估中，有 78%的种植区域已趋于稳定并可以实现自然生态系统的功能，22%的种植区域预期在之后的 2～3 年能达到稳定状态。此外，由红树和非红树植物构成的多处复种地形成了宽度超过 100 m 的缓冲地带，有 409 片区域得到有效保护并形成生态廊道，有 6 片复种区域的环境和美学价值得到提高，并被开发为生态旅游用地（Ministry of Natural Resources and Environment，Malaysia，2014）。

9.1.4　经验总结

该项目历时 8 年，取得良好效果，超目标完成海岸带种植和修复，并在生物多样性保护、生态环境修复、生物固碳和居民经济发展等方面均取得明显成效。

值得借鉴和参考的经验包括：

（1）修复项目覆盖马来西亚的马来半岛、砂拉越和沙巴，涵盖范围广；

（2）统一与因地制宜兼用。项目采用统一的方法进行修复、统一的标准进行评估，同时又因地制宜地在特定区域开展生物固碳、生态经济和科学研究的试点，针对性强；

（3）在修复过程中，红树林修复与陆地植被修复同步设计、同步实施，达到完整划一的效果；

（4）多部门的协同合作，共同保障了该修复项目的可持续性；

（5）通过积极宣传和 NGOs 的参与，提高了公众保护红树林湿地的意识。

但项目仍然存在一些可以在未来继续改进的方面，以实现更好效果，包括：

（1）项目的修复方法以造林为主，修复方案没有考虑红树林湿地生态系统的整体修复，如动物群落的恢复，而是通过造林成功后来实现生态系统的自然恢复，使得收效期变长；

（2）管理方面依然存在漏洞，使得对红树林的破坏、盗伐等现象依然普遍存在。

9.2　泰国沙没颂堪府柯龙孔地区红树林保护与修复

9.2.1　背景

沙没颂堪府位于泰国中部平原的西南海岸线上，暹罗湾海岸的西北端，面积约 41 670 hm^2。全长 138 km 的美功河（Mae Klong River）是泰国境内西部的主要河流，从该府的东海洛（Don Hoi Lot）附近注入太平洋，并在河口三角洲处形成了大面积的滩涂和红树林。该区域的红树林在 800 多年前以红树属（*Rhizophora*）种类为主，后来在经历了海退、海平面上升和人类开垦活动后，原来的红树林群落依次向海—向陆扩张了约 1 km 的范围，优势树种也经历了红树属—白骨壤属—红树属的转变。目前该区域的红树林自陆地向海呈带状分布，形成了水椰（*Nypa fruticans*）群落、正红树（*Rhizophora apiculata*）群落和红茄苳（*Rhizophora mucronata*）群落的演替过渡带。

9.2.2　保护与成效

9.2.2.1　面临的问题

自 20 世纪 70 年代开始，由于海岸水产养殖、农地开垦等，包括该地区在内的泰国境内约 50% 的红树林遭到破坏，绝大多数被转化为海水养殖塘、盐场或农田。另外，由于暹罗湾北岸出现海平面上升、地面沉陷现象，导致沿海社区的海拔高程逐渐下降，原有的岸线向陆地逐渐退缩，红树林生境水动力条件增强，滩涂侵蚀作用显著。

9.2.2.2　保护与恢复行动

2000 年前后，在意识到红树林湿地具有重要生态功能后，美功河口的柯龙孔社区开展了一系列持续的红树林管理与修复工作，具体包括：

（1）红树林保护与修复。

① 禁止规模化的红树林砍伐和填埋活动：通过政府主管部门监督、当地社区自治和义务巡查的模式，对现有红树林实行严格保护；② 社区和公众参与种植：在一些重大活动日、纪念日以及日常生态旅游项目中，有计划地、分片地开展红树林种植活动，主要种植具有一定经济价值、适应性较好的本土树种——正红树与红茄苳，同时还将造林修复工程与环境教育活动融为一体；③ 采用竹篱拦截法以控制和减缓海岸侵蚀：在平行于海岸线的红树林之外滩涂区域，布设多道以木桩、竹篱组成的密集栅栏，减缓潮水流动的速度，同时在涨潮风浪较大时还能起一定的防护作用。泰国王室诗琳通公主在近 30 年内曾多次到柯龙孔社区参加红树林的保护与修复活动，其种植的示范林被作为旅游景点向游客展示。

（2）红树林可持续利用。

当地社区对红树林湿地资源的利用主要为生态旅游和渔业捕捞。在保护管理与研究机构的协助下，当地社区制订了生态旅游观光体验产业计划，通过设计游船观光、红树林观光、传统制糖（从水椰中生产）、红树林养蟹、家庭旅馆、滩涂采捕等多种体验活动，一定程度上增加了社区收入。同时，由于生态旅游活动涉及多个利益相关方（社区居民、渔民、船民、糖作坊、社区管理者）的参与，也促使社区关系更紧密、和谐。此外，还开展了对栖息在红树林内的猴群半驯化投喂的管理，游客参加体验活动时进行定点投喂。社区居民在社区统一管理的前提下划分了滩涂捕捞的范围，其主要的捕捞对象为血蚶（*Anadara granosa*）。由于滩涂的生物产量与红树林的初级生产力、养殖排水净化功能密切相关，因此，居民会自觉、自发地参与红树林的管护活动。

9.2.2.3　保护与恢复成效

该区域的红树林面积在实施上述保护和管理活动后一直在持续增加，人工种植红树林并加以采取竹篱阻挡、促淤保滩的措施，使得柯龙孔社区河口区域的红树林较 12 年前向海自然地扩张了 50 m 以上。在保证生态旅游观光效果的同时，开展野生动物导赏，合理划分滩涂水产捕捞区域，也在一定程度上减少了人和野生动物之间的冲突，同时也确保了滩涂生物资源的可持续利用。开展多种经营模式，引导当地社区居民进行多种产业经营，从传统对红树林湿地自然资源的直接利用转变为对红树林湿地的间接利用，降低了社区对红树林湿地资源的依赖程度。

9.2.3　经验总结

柯龙孔社区的红树林保护管理工作，是泰国乃至东南亚地区滨海湿地管理的一个缩影。为实现红树林的保护和修复，其主要的工作架构为：①通过政府管理部门主导、社区共管的模式，降低当地社区对红树林湿地资源、产品的直接依赖程度，分区域、分步骤地在有条件的地点修复红树林；②发展环境友好型经济活动，以生态旅游、环境教育活动为主，通过多样化的体验活动和经营模式，使多个利益相关方可以从中获得收益，形成全社区层面对红树林湿地资源的依赖，使其主动、自觉地加入红树林管护活动中；③政府与地方力量联合，尊重自然规律，重视关键人物的模范带头作用。另外，尽管有着比较可行的可持续利用模式，但现有活动对红树林湿地资源的影响仍需要进一步优化和解决，包括生活废水和废弃物的集中处理、旅游交通工具噪声污染以及水上交通运输造成的河岸侵蚀问题（Teartisup，2007）。这些问题在今后开展红树林生态旅游时需进一步加强管理。

9.3　泰国南部素叻省 BanDon 湾社区参与红树林保护

9.3.1　背景

BanDon（班顿）湾位于泰国南部素叻省（Surat Thani），总面积 47 700 hm^2，海岸线长度 120 km。沿岸分布着高大茂密的红树林带，林带最宽处可达 2.3 km，以海桑科（Sonneratiaceae）红树植物为主，也可常见白骨壤、红茄苳等，最高可达 20 m 以上。

Tapi（他彼）河以及 18 条水渠携带大量有机物在该处入海，为港湾提供了充足的养分，使之成为泰国湾重要的鱼类栖息地和产卵场之一，也是大量底栖生物的生存场所。该湾盛产的牡蛎、海蛤、泥蟹等是泰国的餐桌美味。BanDon 湾曾被评为泰国湾生物多样性最丰富的地区之一，并在 2000 年被指定为国际重要湿地（Pumijumnong，2018）。

BanDon 湾周边分布有 7 个行政区，27 个村庄，约 2 890 户家庭。由于长期靠海而居，当地居民的生活生产方式与红树林和港湾产生了密不可分的关系，通过多种职业相融合，形成了兼顾居民收入、传统文化、生态安全、食品安全和资源永续利用的生存模式（图 9-2），具体包括如下 5 种：

（1）传统渔业和养殖业；

（2）传统渔业和旅游业；

（3）传统渔业和保护、恢复红树林湿地蟹类资源；

（4）传统渔业和为社区其他从事渔业生产的人打工；

（5）传统渔业和在周边工厂打工。

图 9-2　BanDon 湾（左图：当地渔民示范采捕血蛤；右图：养殖户水上看护房）

（图片来源：辛琨）

IUCN 的研究报告显示，BanDon 湾居民的收入和幸福指数在泰国均属于较高水平（Naito & Traesupap，2014）。

9.3.2　保护与成效

9.3.2.1　存在的问题

世世代代生活在 BanDon 湾周边的当地居民，与环境形成了密切、友好的共生关系，他们需要依托海湾和红树林资源来开展传统的渔业捕捞和采集活动。然而近年来，随着社会经济发展，当地居民的生产生活方式不断受外部因素影响而逐渐变化，以"海洋食物银行项目"（Sea Food Bank Project）为节点，大致可以划分为如下 3 个阶段：

（1）2004 年以前。

当地人的生活方式主要是以传统渔业为主的单一模式，靠海而活，几乎没有任何额外收入。尽管当时收入水平低，但人们和自然资源的关系是和谐共生的，BanDon 湾丰富的自然资源能够满足当时人们基本的生活需求（Jarernpornnipat et al.，2003）。

（2）2004—2012 年，"海洋食物银行项目"执行期间。

"海洋食物银行项目"以摆脱贫困为目标，鼓励当地居民将现有资源转化为资本，通过资本融合从传统的捕捞业向养殖业转变。当时人们认为传统渔业会因此彻底消失，取而代之的是一套对环境没有任何不良影响的安全生产标准流程。但实际情况却与人们的期望相差甚远：一方面，当地居民受资金限制，往往无法承担养殖业所需的大量资金，因此便将自己所划分到的海域转租给外来资本，转而到其他海域继续从事渔业捕捞。如此，不仅扩大了对自然的干扰范围，贫困问题也没有得到改善；另一方面，红树林湿地中的蟹类资源价格不菲，外来资本会雇佣当地居民进行大量采捕，而当采集区域被限制时，他们甚至会采用炸鱼、毒虾等手段来获得更多的渔获物，进而导致红树林被毁、水体被污染、水生动物被过度捕捞等一系列生态问题，人类与自然和谐共处的局面被破坏（Pongkijvorasin，2009）。

（3）2012 年"海洋食物银行项目"结束后。

项目所带来的结果是严重影响了当地居民的生活质量，同时经历了外来经济和文化的冲击，当地居民的生活观念也发生了明显改变。他们一方面意识到港湾和红树林湿地资源是他们赖以谋生的最基本的保障，必须进行可持续的开发和利用；另一方面也充分认识到传统渔业生产不能够满足其生活需求，他们需要依托自然资源和更广阔的发展空间。于是当地居民在政府和 NGOs 的帮助和支持下，成立了社区组织和海湾保护组织，并与政府和私人业主一起，充分考虑并融合经济、社区、文化、政策、自然资源和环境保护多个方面，制订并采取相关措施来共同促进传统渔业、养殖业、生态旅游的发展，努力实现与自然资源和环境的和谐共处。目前该区域已成为泰国生态保护和经济发展的示范区（Tipyan & Udon，2014）。

9.3.2.2　保护与恢复行动及成效

（1）成立社区组织和海湾保护组织。

在 27 个村庄成立社区小组和环境保护小组，小组成员一般由社区居民委员会常委及其他成员组成，规模可达 40 人，成员不获取任何报酬。社区小组的主要任务包括：① 组成经济共同体，获得相应海域的使用权；②进行监测、巡逻、保护本社区海域资源，而运作经费均来自组内成员捐赠（船只使用、燃料等）（图 9-3）。

图 9-3　BanDon 湾居民港湾保护小组和水上监护房（图片来源：辛琨）

（2）政府制定相关规划和保护条例。

为建设海洋资源保护工作示范点，政府颁布了相关条例，明确了泰国国家海洋与海岸资源局（DMCR）对于红树林保护的主导执法权，实现在省、区、村三级层面对海洋资源的综合保护与管理。具体措施主要包括：①取缔不当养殖，规划设立养殖区和恢复区，设置警戒线，严禁在恢复区内开展任何不当利用行为，如布设拖网采集底栖贝类等；②引导渔民在公共养殖区进行渔业活动，鼓励资源共有，缩小贫富差距；③以自然恢复为主要手段，积极开展恢复区红树林保育工作（Beresnev et al.，2016）。部分社区已设立 DMCR 入驻站点，有专门的巡逻队伍与船只支持保护与管理工作，而在 DMCR 未入驻的社区会设立环境保护基金用以支持当地管护工作。村民和志愿者会轮流前往在海上特设的监测站点，负责监控管辖区域内红树林盗伐及滥捕现象，并且会驱逐进入管辖区域内的盗捕船只。保护小组、DMCR 与环保督察会联合执法、集中整治非法破坏行为，没收作案工具与船只，并且最高可处20年监禁。此外，DMCR会定期组织大型管护活动，并由财政拨款支持，保护小组与村民自发承担监管责任，最多时超达500人参加。

（3）制定海域用途规划。

首先以社区小组为单位，组成经济共同体，在DMCR和NGOs的帮助下，收回部分已出让给外来资本的海域，并重点收回靠近岸边的海域，收回后的海域使用权属于社区。此外，在整体空间布局上，综合考虑生态影响、经济成本、水域特征等因素，对海域用途进行合理规划（图9-4），靠近岸边的海域规划为传统渔业区，距离较远的海域规划用于养殖活动，同时为了修复和保护红树林，设置生态恢复区。

①生态养殖区：所有者主要是私人，包括外来资本和当地一部分资本较丰厚的养殖户，也有小部分是社区小组。

②传统渔业区：所有者和使用者为社区小组，共有27个小区域，每个区域用木桩或者浮漂隔开，小组内成员根据规定在区内有序进行捕捞和采集。

③生态恢复区：红树林带200 m范围内设置生态恢复区，不允许任何捕捞和采集行为。

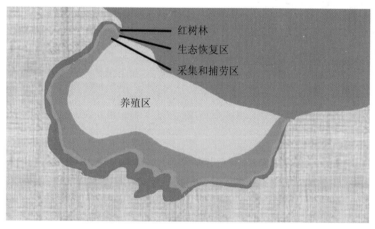

图9-4　BanDon 湾海域用途规划示意

（4）修复红树林，提高环境质量。

意识到红树林的增加可以带来捕捞和采集螃蟹等收入的增加，因此，BanDon湾非常重视红树林的保护（Sathirathai & Barbier，2001）。首先，在加强对现有红树林保护的同时，在红树林带前沿留出生态恢复带，以保证红树林有足够的自然扩散空间（图9-5和图9-6）。其次，对部分陆地上潮位比较低的养殖塘进行退塘还林/湿。

图 9-5   BanDon 湾海域林带前沿自然扩散的白骨壤群落（图片来源：辛琨）

图 9-6   BanDon 湾海域林带前沿自然更新的海桑群落（图片来源：辛琨）

（5）注重环境景观和基础建设，鼓励发展生态旅游。

每个村庄都设置有码头，配备供游客租借的船只，这些船只可以从河口行驶到港湾内，游客沿途可以看到高大的红树林群落、多种多样的水鸟、独特的海水养殖景观等；游客还可以参与捕捞、种树等环节，品尝特色海鲜，欣赏海上风光。为维护良好的环境景观，社区在河道和潮沟设置半固定浮漂进行水面垃圾拦截，并根据涨落潮规律，对水面垃圾进行定期清理，确保河道和港湾的优美景观。

（6）加强生态宣传。

BanDon 湾的生态宣传已经走进社区的每家每户。通过宣传和实践，人们认识到保护红树林、保护海湾就是保护居民自己的利益（Nathsuda，2013）。政府和NGOs是宣教活动的主力，通过生态教育不仅能提高公众环境意识，还能有效鼓励社区参与生态管理。宣传方式多种多样，有文字、图片、漫画、种植活动，并在村口、码头、路边等地点设置宣传板，以图文并茂的方式向社区传递保护红树林和海湾的理念，即便不识字的小孩、村民也都可以通过观看图片了解红树林湿地的功能，掌握科学保护红树林的方法。

9.3.3　经验总结

（1）保护不等于禁入，合理利用才是最好的保护。

只有让人们从保护中获得实际利益，才能激发人们保护红树林的积极性，这也是从古至今人们和红树林共处的方式。我国的红树林管理应该引导当地居民结合社会、经济和科技发展，在生态系统可承载范围内，以多种方式合理利用红树林湿地资源。

（2）法规和规划是前提和保障。

鼓励各级政府出台相应的红树林保护与管理条例，增强红树林立法的针对性、实效性和可操作性，强化法律措施，严打非法利用和破坏红树林的行为。明确各部门在红树林保护与管理中的职责，加强协作与沟通。可参考泰国做法，设置专门的红树林管理部门或机构，并在红树林分布区海域进行合理规划，划分出不同功能区，实施分区管理。

（3）加强宣教和科普。

对于非城市范围的红树林区域，可以鼓励政府组织周边社区成立保护小组，但目前泰国和我国共同存在社区劳动力短缺的问题，大量年轻人离开家乡进城务工，泰国村民成立的保护小组平均年龄超过45岁，因此保护小组未来可能很难达到一定规模。因此，应进一步加强红树林保护的宣传教育，提升社区居民、养殖户、周边企业的保护意识和参与度，继续探索和形成新的社区保护模式。

9.4　越南金瓯省 Nhung Mien 地区红树林有机养殖及保护经验

9.4.1　背景

由于湿地开垦、鱼虾塘扩张、城市化等人类活动的加剧，全球红树林面积在过去的50年内锐减了30%～50%（Duke et al.，2007；Alongi，2002；Valiela et al.，2001）。

其中，养殖虾塘的围垦是亚洲、美洲、非洲及大洋洲多地红树林退化的主要因素（Ottinger et al.，2016；Primavera，2006；Alongi，2002；Farnsworth and Ellison，1997）。越南金瓯省（Ca Mau）早期的红树林也受到了虾塘围垦的严重破坏，1979—1992 年，金瓯省约 29 876 hm^2 的红树林被开垦为虾塘，导致红树林面积急剧下降至 33 083 hm^2。但经过越南政府、当地居民、企业和公益组织对红树林保护修复工作的重视与努力，金瓯省红树林面积于 2011 年恢复到了 46 712 hm^2（周浩郎，2017）。

为推进虾塘养殖与红树林保护的有机结合，荷兰发展组织（SNV）和 IUCN 联合当地政府于 2013 年在 Nhung Mien 发起了"从红树林到市场"计划项目。Nhung Mien 位于越南最南端的金瓯省，该省红树林面积占越南全国红树林面积的 50%，是越南最重要的红树林分布区域。同时，金瓯省也是越南最大的虾养殖基地，拥有约 17 700 hm^2 的有机虾养殖塘，其虾养殖产量占越南总产量的 28%以上（VNS，2016）。

9.4.2 保护行动

"从红树林到市场"计划项目由 IUCN 和 SNV 两大组织联合于 2013 年在 Nhung Mien 发起，旨在通过在金瓯省、Tra Vinh（茶荣）和 Ben Tre（槟知）省的沿海地区开展有机虾认证，为红树林修复和保护提供额外资金，以保护和修复红树林，支持适应和减缓气候变化。该项目与越南政府部门有着密切合作，同时也与越南最大的虾类生产和加工企业明富集团（Minh Phu Seafood）建立了合作伙伴关系。明富集团在全球海产品百强企业中排名第 50 位，作为越南最大的海产品生产商之一，其虾产品出口量占越南出口量的 20%。在该项目中，有机虾以环保的方式在红树林下养殖，并且还通过了 Naturland 的标准认证（Jhaveri et al.，2018）。

在该项目实施过程中，NGOs、政府、企业和当地养殖户都扮演了不可替代的角色。IUCN 和 SNV 作为该项目的发起者，不仅持续统筹、协调各方的合作，同时也积极为养殖户的科学有机养殖提供技术支持。政府和企业的相互配合使经济激励政策得以切实落实，从而极大地促进了当地养殖户开展红树林有机虾养殖的热情。这一项目的成功及可持续性，很大程度上取决于以下两项关键机制的落实。

9.4.2.1 生态系统服务付费机制

为鼓励在社区推进红树林保护工作，当地农户可以得到每公顷红树林 50 万越南盾的生态系统服务报酬，这也是支撑该项目可持续性的重要因素。越南农业和农村发展部早在 2011 年就颁布了针对水产养殖的生态系统服务付费（Payment for Ecosystem Services，PES）政策，但并不成功，之后在 SNV 和 IUCN 的联合推动下逐渐完善了这一机制，做出了以下几点关键改进：

（1）起初买家多为指定国企，这些企业大多不愿意向养殖户支付生态系统服务费用。后经协调，该项目与越南大型海产品公司明富集团取得合作，明富集团作为中间商将该项目中生产的有机虾出售到世界各地，并且充分发掘了有机虾的市场潜力，因而更愿意支付 PES。仅 2015 年，明富集团就为 553 家养殖户支付了近 6.07 亿越南盾的生态系统服务费用，这极大地提高了养殖户保护红树林的积极性（Jhaveri et al.，2018）。

（2）起初对红树林面积的统计是基于养殖户自行上报的数据，使这一机制饱受诟病。基于前期经验，项目建立起了一套完善的第三方监管机制，包括明确社区监管人员的资质要求、红树林面积由林管局确定、纠纷处理由政府机关协调、质量检查由公司把控等。全面有力的监管保障了 PES 机制有效的落地实施（Brunner，2014）。

9.4.2.2　有机养殖认证机制

为获得有机养殖证书的当地养殖户提供稳定的销售渠道和 10%的售价提升是保证这一项目可持续性的重要手段。有机养殖证书的发放有着较为严格的要求，包括：

（1）保留占项目范围内陆地面积 40%以上的红树林面积；

（2）保证生活区域的环境卫生；

（3）保证红树林胚轴的来源和质量；

（4）在虾养殖过程中，限制使用允许清单外的化学品；

（5）保证对收获后的虾进行优质储存；

（6）保证在养殖过程中不间断地记录符合明富集团规范的所有步骤（Jhaveri et al.，2018）。

获得有机养殖证书的水产品则可以经明富集团贴上有机产品标识并向全球各地以较高价格售出，此举极大地推动了养殖户与公司合作落实这一认证机制。

9.4.3　成效

截至 2014 年，该红树林有机养殖模式已在 Nhung Mien 地区大规模推广，有 741 名养殖户获得了有机虾养殖证书，2 695 hm² 的虾塘已转变为符合要求的有机养殖虾塘（Jhaveri et al.，2018）。

从经济效益来看，在 Nhung Mien 落地的红树林有机养殖模式不仅降低了养殖成本，还显著提高了养殖产出和收益。红树林有机养殖通过红树林生态系统的调节作用，降低了养殖黑虎虾的致病率，从而减少了化学药剂的使用，并且无须使用地下水泵等设施，从而降低了养殖成本。同时，这一模式令养殖水产品多样化，养殖产出更为可观，提高了养殖收入。2010—2015 年，金瓯省水产养殖产量年均增长 2.7%，从 2010 年的 7 546 t 增长至 2015 年的 9 605 t（VNS，2016）。相对于传统养殖方式 1 100～1 300 美元/（hm^2·a）的收益，红树林有机养殖模式可令收入提高至 2 100 美元/（hm^2·a）（Brunner，2014）（图 9-7）。

图 9-7　Nhung Mien 当地养殖户收获黑虎虾 （Jhaveri et al.，2018）

从生态效益来看，由于制订了红树林保护的硬性指标，当地居民对红树林保护的热情显著提高。Nhung Mien 的红树林面积在 2014—2015 年增加了 175 hm^2，其中一半以上的增加面积是由当地养殖户主动修复而来（VNS，2016）。在短短两年时间，Nhung Mien 的红树林覆盖率由 2013 年的 39% 提高至 44%（Brunner，2014）。红树林面积的增加提高了当地生态系统的韧性和抵御极端天气的适应力，并可控制底泥流失，从而维持了地表高程（FAO，2016）。

9.4.4　经验启示

9.4.4.1　利用经济利益推动红树林生态养殖

在过去 20 年间，我国虾塘养殖户往往将红树林林区作为理想的虾塘选址，从而大规模破坏、围垦天然红树林，形成了虾塘养殖与红树林保护的对立局面。然而，随着红树林生态学的研究发展，国际学术界、政界、NGOs、企业广泛地认识到红树林在鱼虾塘养殖方面的积极作用，即可以提供切实的经济收益及生态保护效益。Nhung Mien 地区的有机虾塘养殖模式便是在这一背景下，成功地利用经济收益推进了当地有机虾塘养殖及红树林保育的并存，将原先的对立局面转化为互利共赢的有机模式。

这对推动我国的红树林生态养殖具有重要的启示意义，即应通过公众教育、培训，以及企业、政府制定激励政策，让当地养殖户充分意识到科学的红树林养殖模式可以切实地转化为经济利益，而非仅仅是为生态保护做贡献。政府可为此举措提供一定的经济补贴（如 PES），这在一定程度上可为破坏红树林后的修复节省大量预算，是一项高性价比的投入。

9.4.4.2 NGOs—企业—政府—养殖户的多方合作模式

Nhung Mien 的有机虾塘养殖模式的落地，是由上至下的多方合作模式的成功典范。该项目由 IUCN 和 SNV 联合发起并提供技术支持，由国际区域气候行动组织资助，并与越南农业和农村发展部共同制定 PES 计划，从而将这一系列鼓励政策最后落实于当地虾塘养殖户，并由第三方进行监管。其中，从发起、筹资、实施到监测，每个环节之间都贯穿了密不可分的机构间合作。

我国红树林生态养殖的推进尚在摸索阶段，Nhung Mien 的成功案例启示我们多机构间合作对于有机虾塘养殖模式落地的重要意义。NGOs 可以利用其号召力发起红树林生态养殖项目，并为当地民众和专业人员搭建起沟通桥梁，提供宝贵的技术经验和资金支持。政府和企业可从经济利益角度出发，为红树林有机养殖设立标准并提供补贴奖励（如 PES），切实促进当地居民与企业的积极合作，从而实现红树林保护的可持续发展和居民收入的实际增长。

9.5 印度尼西亚 Tanakeke 岛基于社区的红树林生态修复

9.5.1 项目背景

针对因修复选种单一、低潮位种植等导致失败的大量红树林修复项目，Lewis（2005，2000）根据其丰富的修复经验提出了红树林生态修复的理论、方法和具体步骤。在此基础上，为实现可持续的红树林修复和社区发展，基于社区的红树林生态修复（Community-Based Ecological Mangrove Rehabilitation，CBEMR）的理念被提出并得到了推广（Maryudi et al.，2012）。

在位于印度尼西亚南苏拉威西省的 Tanakeke（塔纳凯克）岛成功实施的 CBEMR 项目为这一理念的落实提供了宝贵的机会。Tanakeke 岛拥有丰富的珊瑚礁、海草和红树林资源。岛上约 1 万名居民主要以海草种植业和渔业为生。该岛红树林面积曾达 1 776 hm²，但在 20 世纪 90 年代有 1 200 hm² 的红树林被围垦为水产养殖塘，而剩下的 576 hm² 红树林也受到砍伐和捕鱼等人类活动的频繁干扰（Ukkas，2011）。

为修复当地红树林生态系统，红树林行动计划印度尼西亚分部（MAP-Indonesia）在 2010—2014 年启动了一项修复 400 hm² 红树林的工程项目，并由加拿大国际发展署提供 590 万美元的资金支持。该项目得到了 Tanakeke 岛上居民的充分参与。项目强调了女性群体的公平参与，很好地兼顾了红树林面积增加、当地渔业经济恢复、生态系统韧性提升等多方面的效益，得到了印度尼西亚林业部门和国际社会的高度认可。

9.5.2　项目具体行动

9.5.2.1　社区参与

作为一项基于社区的红树林修复项目，该项目将大量的精力投入对社区居民的宣传、教育、培训、组织等活动，从而实现公众意识的提高和社区参与，并为红树林的修复提供了充足的人力资源。

在该项目之前，女性作为弱势群体并没有地产署名权，也常常被排挤在决策过程之外。为了改善该项目中的性别平等，当地成立了 Womangrove（女性红树林）小组，让女性可以积极参与该红树林修复项目，在土地使用、项目规划、决策、复种等任务中扮演重要角色。不仅如此，性别平等的理念也作为该项目重要的内容，在会谈、讨论、培训中得到强调并加以落实（图 9.8）。

图 9-8　鼓励女性参与修复的 Womangrove 小组成员参与挖掘潮沟（Brown et al.，2014）

MAP-Indonesia 也在当地成立了森林管理学习小组，主要通过课程培训和交流等方式，提升当地红树林修复与保育的知识技能，增强该项目的可持续性。该小组的课程主要由区域社区森林培训中心（RCFTC）的森林管理课程翻译而来。在成立的 1 年后，森林管理学习小组也逐渐得到了政府部门的支持。政府官员们常参加该小组的培训、讨论、论坛和实地考察活动，并借由该小组作为平台，加强与当地社区的沟通交流。

2013 年，为了更深入当地社区，政府在 Tanakeke 岛上成立了区域层面的多方红树林管理小组（KKMD），吸纳了众多 Womangrove 小组和森林管理学习小组的成员，为当地红树林修复保护提供指导和交流的平台。该小组有权管理中短期的政府预算，从而保障持续开展红树林的修复、监测和管理活动，未来还会将碳收支纳入预算。这一管理措施具有较强的适应性和区域性，是政府项目深入社区的重要纽带。

9.5.2.2　具体修复步骤

在社区参与和政府、NGOs 多方合作的基础上，参照 Lewis（2005）提出的 EMR 步骤，该项目共拟定并实施了 22 个子步骤。其中，9 个关键步骤的实施对该项目起到了最为重要的推动作用。

（1）快速评估：经验丰富的红树林修复技术人员与社区领导者会面讨论，并对修复地点进行快速的实地调查，了解当地生态环境状况。

（2）社会评估：社区领导者对社区内的贫困人口进行调查和评估，并确保女性与贫困人口可以公平地参与修复项目的实施过程。

（3）EMR 技术培训：在为期 4 年的项目周期内，6 个村庄的参与者均参加了 EMR 的技术培训课程，培训内容包括对过往修复案例的分析、红树林的环境需求分析、生态水文的实地调查、修复方案编制等。

（4）本底调查：本底调查包括生物个体、群落生态学调查、水文特征调查、干扰和土地权属等一系列基础调查，从而为项目的开展提供全面可靠的基础信息。

（5）利益相关方会谈：定期举办非正式的利益相关方会谈、小组讨论等活动，政府机构人员也逐步参与这些活动，使会谈的质量和专业性得以提升。

（6）项目实施：Tanakeke 岛上实施的项目活动包括定期种植本地红树植物的胚轴、创造适宜的生态水文条件（破堤、挖掘潮沟等）、填埋以抬高高程等。由于岛上条件限制，这些工作均由当地社区居民人工完成，没有使用重型机械。

（7）调查和监测：该项目的监测由社区监测和学术监测两部分组成。学术监测包括较为专业的植物样方调查和水文地理调查等，主要由一部分社区居民及来自 MAP 和大学的科研人员完成；社区监测则由社区居民完成，通过更为简化的流程让即便不善阅读的居民也能参与其中。

（8）组建森林管理学习小组：MAP-Indonesia 通过翻译编制了一些适于推广的技术课程、手册，通过森林管理学习小组对岛民进行教育培训，以提高当地居民对红树林修复和管理的知识水平及能力。

（9）中期评估与方案修改：在调查和分析监测数据的基础上，社区和修复技术人员对项目进行了中期评估，并共同对项目方案进行了修正，如连接潮沟以改善水文条件等。

上述这些步骤紧密围绕着社区管理、项目实施、监测来开展，充分调动了 Tanakeke 岛民的积极性和参与度，并通过评估、会谈、学习小组等方式科学有效地实施项目方案，从而保证了基于社区的红树林生态修复项目的可持续性。

9.5.3 修复成效

在该项目开始实施前的几年（2000—2009 年）里，由于对破坏红树林行为的打击、部分修复行动的开展和部分养殖塘的废弃，Tanakeke 岛上红树林面积已经在大多数地区得到了一定的恢复（整体平均增加了 2.86%）。而在项目实施后（2009—2017 年），Tanakeke 岛上的红树林得到了更为明显的恢复，红树林面积整体平均增加了 4.77%。其中，恢复成效最为突出的是 Tanakeke 岛北部的 Labutallua 和 Lantang Peo 等地，红树林面积分别增加了 9.5% 和 15.61%（表 9-2）。

表 9-2 Tanakeke 岛各村庄 2000—2017 年红树林面积变化 （Moore，2018）

村庄	2000 年	2009 年	2000—2009 年变化	2017 年	2009—2017 年变化	2000—2017 年变化
Balangdatu	170.37 （11%）	186.03 （12%）	9.19%	173.34 （11%）	−6.82%	1.74%
Maccinibaji	151.47 （10%）	162 （10%）	6.95%	142.38 （9%）	−12.11%	−6.00%
Mattirobaji	507.78 （33%）	523.62 （33%）	3.12%	557.64 （35%）	6.50%	9.82%
Labutallua	238.32 （15%）	245.43 （15%）	2.98%	268.74 （17%）	9.50%	12.76%
Offshore Islands	269.46 （17%）	278.19 （18%）	3.24%	288.9 （18%）	3.85%	7.21%
Rewataya	365.94 （24%）	380.7 （24%）	4.03%	436.59 （27%）	14.68%	19.31%
Lantang Peo	198.45 （13%）	222.03 （14%）	11.88%	256.68 （16%）	15.61%	29.34%
Peninsula	167.49 （11%）	158.67 （10%）	−5.27%	179.91 （11%）	13.39%	7.42%

村庄	2000 年	2009 年	2000—2009 年变化	2017 年	2009—2017 年变化	2000—2017 年变化
Tompotana	345.42 （22%）	332.64 （21%）	−3.70%	304.47 （19%）	−8.47%	−11.86%
合计	1 540.98 （100%）	1 584.99 （100%）	2.86%	1 614.42 （100%）	1.86%	4.77%

该项目在 Tanakeke 岛上也同时开展了多项社区活动，包括成立 Womangrove 小组、森林管理学习小组等组织，使这一基于社区的红树林生态修复项目更具可持续性。该修复项目也通过恢复红树林面积，提供了多重生态系统服务，包括减少风浪冲击、增加渔业收益、提高木材蓄积量、增强生态系统韧性等（Brown et al.，2014）。

9.5.4 经验及启发

9.5.4.1 社区居民的深度参与

Tanakeke 岛的 CBEMR 项目的成功开展主要源于社区居民的深度参与。该项目不仅推动了红树林的修复，还推动设立了森林管理学校、海边田野学校和扫盲学校等，提高了居民的知识能力水平，保证了项目的可持续性。其中，森林管理学校不仅是教育平台，也是居民们与专业人员、政府官员沟通的桥梁。

该项目也充分调动了贫困居民和女性的积极参与。通过确保保育组织里有至少75%的贫困户及成立女性红树林保育组织 Womangrove，让原来未充分参与决策过程的贫困居民和女性参与负责项目的规划、实施和监督，从而调动各人群的参与度。

CBEMR 项目也为 Tanakeke 岛带来了经济收益（渔业改善等）和国内国际声誉，成为一项在岛上全民参与的重大项目。这一案例启示我们在中国开展红树林修复项目应重视社区力量在修复工程中的重要地位和作用，并通过多样化的沟通、培训和管理措施，调动社区参与红树林修复的积极性，保证修复项目的可持续性。

9.5.4.2 退塘还湿的成功应用经验

Tanakeke 岛的原生红树林在 20 世纪 90 年代受到了大面积的养殖围垦破坏，后来多数的鱼虾塘因其不可持续性而被废弃。因此，Tanakeke 岛的红树林修复主要是通过社区退塘还林/湿的方式进行的（图 9-9）。通过对各地成功经验的分析，Tanakeke 岛采取了低成本的破坏废弃鱼虾塘围堤的方式来恢复水文，从而使红树林繁殖体得以随潮水进入废弃鱼虾塘并在适宜地定植。这一方法对不需要重型机械挖掘、填埋的废弃鱼虾塘具有明显的效果，而对具有更高、更坚固围堤的废弃塘，则可能需要重型机械作业来完成水文条件的恢复。同时，面积较大的废弃鱼虾塘也可能需要重型机械的参与。

图 9-9　以退塘还林方式恢复的红树林（Brown et al.，2014）

Tanakeke 岛实施低成本退塘还湿的成功也为我国退塘还湿/林工作提供了重要参考和借鉴。目前，我国的红树林修复方式以滩涂造林为主，退塘还湿的修复方式直到 2019 年才由政府发布官方文件予以推动。退塘还湿也将成为我国未来红树林修复的主要途径，但国内相关的研究、报告和经验尚有所欠缺，因而更加突出了 Tanakeke 岛经验的重要借鉴意义。

参考文献

周浩郎，2017. 越南红树林的种类、分类和面积[J]. 广西科学，24（5）：441-447.

Alongi D M，2002. Present state and future of the world's mangrove forests[J]. Environmental Conservation，29（3）：331-349.

Beresnev N N，Phung T，Broadhead J，2016. Mangrove-related policy and institutional frameworks in Pakistan，Thailand and Viet Nam[J]. Food and Agriculture Organization of the United Nations Regional Office for Asia and the Pacific，IUCN，Bangkok.

Brown B，Fadillah R，Nurdin Y，et al.，2014. Case Study：Community Based Ecological Mangrove Rehabilitation（CBEMR）in Indonesia[J]. Sapiens. 2014，7.

Brunner J，2014. Certified organic shrimp：A new approach to mangrove pes？[C]. Jakarta：IUCN.

Duke N C，Meynecke J O，Dittmann S，et al.，2007. A world without mangroves？[J]. Science，317（5834）：41-42.

FAO，2016. Integrated Mangrove Forest-Aquaculture Systems：A case study from Vietnam combining mangrove conservation，climate change adaptation and sustainable aquatic food production[C]. http：//www.cpfweb.org/47039-06e3b584af15168d928f1e7db84d84884.pdf.

Farnsworth E J，Ellison A M，1997. The global conservation status of mangroves[J]. Ambio，26（6）：328-334.

Lewis Iii R R，2000. Ecologically based goal setting in mangrove forest and tidal marsh restoration[J]. Ecological Engineering，15（3-4）：191-198.

Lewis III R R，2005. Ecological engineering for successful management and restoration of mangrove forests[J]. Ecological engineering，24（4）：403-418.

Jhaveri N，Nguyen T D，Nguyen，K D，2018. Mangrove Collaborative Management in Vietnam and Asia. https://land-links.org/wp-content/uploads/2018/03/USAID_Land_Tenure_TGCC_Mangrove_ Collaborative_ Management_Vietnam_Asia.pdf.

Jarernpornnipat A，Pedersen O，Jensen K R，et al.，2003. Sustainable management of shellfish resources in Bandon Bay，Gulf of Thailand[J]. Journal of Coastal Conservation，9（2）：135-146.

Maryudi A，Devkota R R，Schusser C，et al.，2012. Back to basics：considerations in evaluating the outcomes of community forestry[J]. Forest Policy and Economics，14（1）：1-5.

Ministry of Natural Resources and Environment，Malaysia，2014. Outcome evaluation report of the planting program of mangrove and suitable species along the national coastline（In Malay）.

Mohti A，Parlan I，Omar H. 2014. Research and Development Activities Towards Sustainable Management of Mangroves in Peninsular Malaysia[M]. Mangrove Ecosysterms of Asia，Springer New York，373-390.

Moore J，2018. Assessing resilience of community Mangrove management on Tanakeke Island，Indonesia[D]. Singapore：National University of Singapore.

Naito T，Traesupap S，2014. The relationship between mangrove deforestation and economic development in Thailand[M]. New York：Springer，273-294.

Ottinger M，Clauss K，Kuenzer C，2016. Aquaculture：Relevance，distribution，impacts and spatial assessments–A review[J]. Ocean & Coastal Management，119：244-266.

Primavera J H，2006. Overcoming the impacts of aquaculture on the coastal zone[J]. Ocean & Coastal Management，49（9-10）：531-545.

Pumijumnong N，2018. Mangrove forests in Thailand. An 800 year record of mangrove dynamics and human activities in the upper Gulf of Thailand[J]. Vegetation History and Archaeobotany，27：535-549.

Sathirathai S，Barbier E B，2001. Valuing mangrove conservation in southern Thailand[J]. Contemporary Economic Policy，19（2）：109-122.

Tipyan C，Udon F M，2014. Dynamic livelihood strategics of fishery communities in Ban Don Bay，Surrathani Thailand[J]. International Journal of Asian Social Science，4（11）：1126-1138.

Pongkijvorasin S，2009. The value of mangroves to an off-shore fishery：The Case of Bandon Bay，Thailand[J]. Southeast Asian Journal of Economics，21（2）：111-123.

Teartisup P，2007. Ecotourism in Mae Klong River Estuary：Impact of community ecotourism at Nong Thailand. Contempary Economic Policy，19：109-122.

Ukkas M，2011. Status of Tanakeke Island mangroves and livelihoods since aquaculture development. In：Restoring Coastal Livelihoods Regional Seminar on Ecological Mangrove Rehabilitation. Makassar，Indonesia.

Valiela I，Bowen J L，York J K，2001. Mangrove forests：one of the world's threatened major tropical Environments[J]. Bioscience，51（10）：807-815.

VNS，2016. Organic shrimp farmers protect mangrove forests. https：//en.vietnamplus.vn/organic-shrimp-farmers-protect-mangrove-forests/89679.vnp.